AF634557

Ergebnisse

der

petrographischen Untersuchung

der im

Zentralen Tiën-schan und Dsungarischen Ala-tau

während der Saposchnikow'schen Expedition

im Sommer 1902

von

Dr. Max Friederichsen

gesammelten krystallinen Gesteine.

Von

Dr. Johannes Petersen

(Hamburg).

Mit 3 Karten und 4 Lichtdrucktafeln.

Sonderabzug des Anhangs II zu Dr. Max Friederichsen, Forschungsreise in den Zentralen Tiën-schan und Dsungarischen Ala-tau (Russisch Zentral-Asien) im Sommer 1902.

HAMBURG.

L. Friederichsen & Co.

(Inhaber: Dr. L. Friederichsen).

1904.

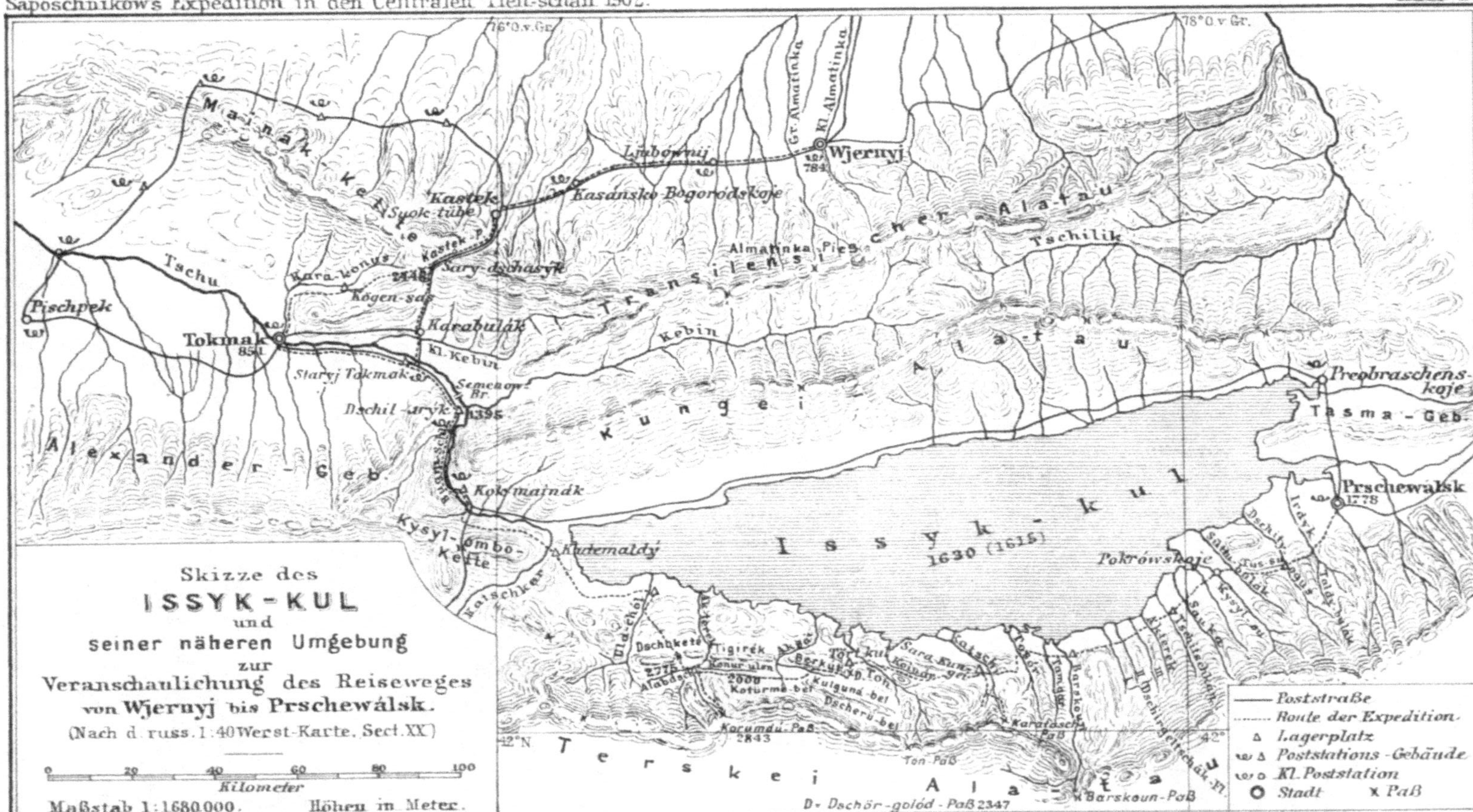

Dr. Max Friederichsen.

Hamburg, L. Friederichsen & Co.

Vorwort.

Max Friederichsen, dem wir die im Jahre 1899 in der Zeitschrift der Gesellschaft für Erdkunde zu Berlin veröffentlichte Morphologie des Tiën-schan, in welcher alles bis dahin bekannte Material zu einer Monographie des Gebirges verarbeitet wurde, verdanken, hat an einer von Prof. *W. W. Saposchnikow* in Tomsk geführten Expedition im Sommer 1902 als Geograph und Geolog teilgenommen und wertvolle Aufschlüsse über bisher wenig und zum Teil noch garnicht bekannte Gebiete des Tiën-schan heimgebracht. In seinem Reisebericht (Dr. Max Friederichsen, Forschungsreise in den Zentralen Tiën-schan und Dsungarischen Ala-tau im Sommer 1902, Hamburg 1904) ist eine Fülle von Mitteilungen über den geologischen Aufbau des Tiën-schan und Dsungarischen Ala-tau enthalten. Die von *Friederichsen* gesammelten krystallinen Gesteine sind in nachstehender Arbeit beschrieben. Bezüglich des Vorkommens muss auf den Reisebericht, welcher wiederholt zitiert wird, verwiesen werden.

Dr. J. P.

I. Gesteine des zentralen Tiën-schan.

I. Von Wjernyj bis Prschewálsk.

a. Von Wjernyj über die Mainák-Kette und durch die Buam-Schlucht zum Issyk-kul.

Aus dem Gebiet der oberen Kleinen Almatinka, (s. *Friederichsen* pag. 17) einem von dem Transilensischen Ala-tau herabkommenden, durch Wjernyj fliessenden Flüsschen, liegen mehrere Granithandstücke (No. 1, 2, 4, 6, 7) vor, welche untereinander nahe übereinstimmen. Sie sind südlich von Wjernyj geschlagen.

Es sind grobkörnige **Amphibol-Biotitgranite**, meist hellgraue, durch einzelne grössere graue, stark fettglänzende, fast an Sanidin erinnernde Feldspate schwach porphyrische Gesteine. Zum Teil ist die Farbe deutlich fleischrot.

Unter dem Mikroskop zeigen die einzelnen Handstücke nur ganz geringe Unterschiede, wie sie innerhalb jedes Granitmassivs vorkommen. Das frische Gestein zeigt die Zusammensetzung eines typischen Amphibol-Biotitgranits.

Der Biotit, gewöhnlich mässig begrenzt, enthält reichlich Zirkonkryställe eingeschlossen, auch die Hornblende ist meist nicht scharf krystallographisch begrenzt. In einem Stücke fehlt die Hornblende ganz. Sie tritt zum Teil in Zwillingen nach dem Orthopinakoid*) auf.

Der Feldspat ist, soweit nicht Zersetzung die Bestimmung ausschliesst, vorherrschend als ein perthitisch durchwachsener Orthoklas erkennbar, daneben erscheinen reiner Orthoklas und Plagioklas. In einem Stück zeigt er schönen zonaren Aufbau. Quarz erscheint selbständig und auch in mikropegmatitischer Verwachsung mit Feldspat. Titanit findet sich mit Ausnahme des hornblendefreien Stückes überall, doch nicht häufig, als selbständige Krystalle sowie als Umrandung des Titaneisens. Apatit, Magnetit und Zirkon treten in den gewöhnlichen Formen auf.

Erwähnung verdient das Vorkommen von Augit in dem einen Handstücke (No. 6). Er tritt in mässig begrenzten Säulen auf, randlich von Hornblende umgeben, die stellenweise in faserige, serpentinartige Substanz umgewandelt erscheint.

---

*) Über die Zwillingsbildung vergl. auch den Text zu Tafel 49, Fig. 1.

Die Umwandlungserscheinungen der Granite des Almatinkatals sind die gewöhnlichen.

Der Granit enthält basische Ausscheidungen und Gänge von Hornblende-Vogesit. Die Ausscheidung des einen Handstückes (No. 1) ist in der Zusammensetzung von dem im Granit aufsetzenden Gang (No. 3) verschieden.

Erstere erscheint nicht scharf gegen die umgebende Granitsubstanz abgesetzt. Die Farbe ist schwarz, dicht, einzelne granitische Feldspate und Hornblenden erscheinen eingestreut.

Unter dem Mikroskop zeigt die basische Ausscheidung die typische Zusammensetzung eines Hornblendevogesits.

Die Hornblende tritt in scharf begrenzten Krystallen auf, der Biotit ist weniger gut begrenzt; beide Gemengteile sind in ziemlich gleicher Menge vorhanden, Hornblende etwas vorherrschend. Kleine aber scharf begrenzte Erzkrystalle sind zahlreich vorhanden; der Feldspat tritt vorherrschend in Form kurzer Säulen, namentlich als Orthoklas in Karlsbader Zwillingen, doch auch als Plagioklas auf.

Titanit kommt spärlich vor, Apatit in Form zahlreicher feiner Nadeln. Im Schliff zeigt sich deutlich der innere Zusammenhang des Granits mit der Ausscheidung.

Dies ist namentlich gut an einer Stelle erkennbar, wo ein grosser Feldspatkrystall-Perthit- zur einen Hälfte von den Granitgemengteilen umgeben ist; in der anderen Hälfte, die in den Vogesit hineinragt, ist er von zahlreichen kleinen Hornblenden, Glimmern und Orthoklassäulen, die ganz den Gemengteilen des Vogesit gleichen, durchspickt.

Die Beobachtung zeigt auch hier, wie schon früher beobachtet wurde, dass die „basischen Ausscheidungen", ohne selbst Teile eines Ganges zu sein, in Zusammensetzung und Struktur echten Ganggesteinen gleichen.

Die Tafeln 49 und 50, Fig. 1, bringen den Granit, den Vogesiteinschluss und die Grenze des Einschlusses gegen den normalen Granit zur Darstellung. Wegen der Einzelheiten vergl. die den Tafeln beigefügten Erklärungen.

Der **Amphibolvogesit** (No. 3) des Ganges stellt ein dichtes grauschwarzes Gestein dar, aus dem einzelne feine Hornblendenadeln hervortreten; die Grundmasse ist mit blossem Auge unbestimmbar.

Unter dem Mikroskop erkennt man ein Gemenge von brauner Hornblende, fast farblosem Augit und Orthoklas. Die Struktur ist panidiomorph bis hypidiomorph körnig (vergl. Taf. 50, Fig. 2).

Die Hornblende tritt in langen Säulen, die in der Prismenzone gut begrenzt sind, auf, zum Teil sind sie als Zwillinge nach dem

Orthopinakoid entwickelt. Der Augit ist weniger gut krystallographisch begrenzt, spärlicher als Hornblende vorhanden, vielfach in Chlorit und Epidot zersetzt. Der Orthoklas ist in kurzen Säulen ausgebildet, zum Teil muskovitisch zersetzt. Quarz findet sich sehr spärlich, feine Apatitnadeln sehr reichlich; als Erzausscheidungen traten einzelne grössere Pyrite auf, während die sonst so häufigen kleinen Magnetite ganz fehlen.

Zu erwähnen ist noch, dass Calcit sich in unregelmässigen und linsenförmigen Einlagerungen findet, auch etwas Epidot ist vorhanden. Die Verschiedenheit des Ganges und der Ausscheidung, die zweifellos beide durch Spaltung aus den Granitmagma hervorgingen, erscheint bemerkenswert.

Gesteine der Diabasgruppe sind durch Flussgerölle aus dem Tal der kleinen Almatinka vertreten (*Friederichsen* pag. 17). Das eine Stück (No. 8) erscheint als ein typischer feinkörniger, stark zersetzter **Diabas**, das andere als **Diabasporphyrit** (No. 5), der makroskopisch von dem bekannten Oejediabas nicht zu unterscheiden ist.

In der sehr feinkörnigen, fast dichten Grundmasse treten zahllose feine Feldspatleisten auf; den porphyrischen Charakter erhält das Gestein durch einzelne grosse, porzellanartig weisse Einsprenglinge von Feldspat.

Ein **Quarzporphyr** (No. 9) entstammt der Vorkette des Transilensischen Ala-tau, südlich von Wjernyj, ebenfalls aus dem Tal der kleinen Almatinka. Die dichte hornsteinartige Grundmasse enthält zahlreiche kleine Einsprenglinge von Quarz und weniger häufige kleine Feldspate.

Die eingesprengten undulös auslöschenden Quarze sind unregelmässig begrenzt oder dihexaëdrisch ausgebildet, oft mit Einbuchtungen der Grundmasse versehen; die Orthoklaseinsprenglinge treten in unregelmässigen Stücken auf. Erze sind spärlich vorhanden. Unregelmässige Anhäufungen von Epidotkörnern ersetzen anscheinend die früher vorhanden gewesenen Bisilikate.

Die Grundmasse ist mikrogranitisch, holokrystallin, feinkörnig und aus Quarz- und Feldspat zusammengesetzt. Die Feldspate, Orthoklas und Plagioklas, zeigen Tendenz zu leistenförmiger Ausbildung, ihre Grenzen sind fast nie scharf, sondern verschwimmend.

Von der Mainák-Kette, welche das Engtal des Kastek (vergl. *Friederichsen* pag. 29) durchbricht, liegen Augitsyenit, Quarzporphyr, Diabas, Diabasporphyrit vor.

Der in drei Handstücken vertretene **Augitsyenit** (No. 10, 12, 13) ist ein grob- bis mittelkörniges, aus vorherrschendem Feldspat (neben dem Augit auftritt) zusammengesetztes Gestein.

Unter dem Mikroskop sind Augit, Hornblende, Biotit, Orthoklas und Plagioklas bestimmbar.

Der hellgelblichgrau durchscheinende Augit, mit hoher Auslöschungsschiefe, tritt selbständig und mit Hornblende verwachsen auf. Die Hornblende erscheint als gemeine Hornblende. Der Biotit ist ziemlich zersetzt und enthält Epidoteinlagerungen.

Der Orthoklas und der zurücktretende Plagioklas sind ebenfalls stark zersetzt, ersterer unter reichlicher Muscovitbildung; es scheint also ein Kaliorthoklas vorzuliegen. Zirkon- und Apatit kommen vor, zum Teil als Einschlüsse im Biotit; Apatit in relativ grossen Säulen.

In einem Handstück (No. 13) sind die Augite vollständig in eine grüne maschige, faserige, serpentinartige Substanz neben Calcit zersetzt. Die vorherrschenden blättrig-faserigen Zersetzungsprodukte verleihen schon makroskopisch dem Stück ein auffallendes Aussehen, welches nicht mehr vermuten lässt, dass ein Augitsyenit vorliegt.

Der **Quarzporphyr** (No. 15) vom rechten Ufer des Kastek, (*Friederichsen* pag. 21) gegenüber Sary-dschasýk, Mainák-Kette, ist makroskopisch ein dichter, braunroter typischer Quarzporphyr mit zahlreichen Quarz- und Feldspateinsprenglingen.

Das stark zersetzte Gestein lässt unter dem Mikroskop als Einsprenglinge zahlreiche Quarze, zum Teil vorzüglich scharf krystallographisch begrenzt, erkennen. Die Feldspateinsprenglinge sind stark zersetzt, sie bestehen aus Orthoklas. Bisilikate sind nicht mehr erkennbar.

Die Grundmasse ist sehr feinkörnig, holokrystallin; sie beherbergt neben Magnetit alle möglichen blättrigen und faserigen Zersetzungsprodukte; nur hin und wieder ist noch ein Feldspatkörnchen bestimmbar, daneben reichlich Quarz in kleinen Körnern.

Stellenweise ist Fluidalstruktur deutlich entwickelt.

In dem Syenit setzt gangförmig ein dichter schwarzer **Diabas** (No. 11) mit ziemlich grossen Pyriten auf.

Im Schliff erkennt man porphyrisch hervortretende Plagioklase. Das Gestein ist von einzelnen Vorkommnissen des aus Dalarne bekannten Oejediabastypus nicht zu unterscheiden.

Ein anderer **Diabas** (No. 14) aus demselben Flusstal erscheint makroskopisch als graugrünes feinkörniges Gestein, mikroskopisch als stark zersetzter, typischer Diabas.

Vorherrschend ist er aus leistenförmigem Plagioklas gebildet. In den Zwischenräumen der Leisten befindet sich ein hellgrünes Chloritmineral, auch Quarz in kleinen Partieen. Als Zersetzungsprodukte finden sich ferner Schnüre und Bänder von rotem Eisenoxyd und braunem Eisenhydroxyd. Der Verlauf dieser Bänder, die sich zweifellos auf den Grenzen und Spaltrissen der ursprünglichen Mineralien abgesetzt haben, lässt erkennen, dass neben Augit an dem Aufbau des Gesteins Olivin teilgenommen hat.

Auch selbständige strichförmige Erzpartikeln kommen reichlich vor. Besonders bemerkenswert ist die Ausfüllung der unregelmässig gestalteten Hohlräume, die randlich von traubig konzentrischen Calcitkrusten, im Innern von Chloritmineralien erfüllt sind. Die Calcitkrusten sind nun nicht stengelig, mit Hauptaxen senkrecht zur Oberfläche des Hohlraums struirt, sondern sie erscheinen optisch einheitlich, die Spaltrisse und auch die zahlreichen polysynthetischen Zwillingslamellen gehen unbekümmert um die Gestaltung des Hohlraums durch die ganze Calcitkruste einheitlich hindurch. Es scheint, als ob durch Druckwirkung die Calcitmoleküle geordnet und in Zwillingsstellung gebracht sind.

Ein **Diabasporphyrit** (No. 19) des Kastek-Tals ist schon mit unbewaffnetem Auge als porphyrischer Diabas bestimmbar; zahlreiche kleine Feldspateinsprenglinge liegen in einer dichten schwarzen Grundmasse. Reichlich sind grosse, mit Calcit erfüllte Mandeln vorhanden.

Der Augit führende **Biotitgneiss** (No. 20), der eingangs der Buam-Schlucht ansteht, erscheint mit blossem Auge betrachtet, als Glimmergneiss von grünlichgrauer Farbe, der durch regelmässigen Wechsel von glimmerreichen und glimmerfreien Lagen eine intensiv ausgeprägte Schichtung zeigt. Unter dem Mikroskop zeigt sich die echte Gneissstruktur in dem allgemeinen Allotriomorphismus der Gemengteile. Am meisten neigt noch der reichlich vorhandene hellgraue Augit zu selbständigen Formen, ohne jedoch jemals vollkommen gradlinige Begrenzungen zu erreichen. Der grüne Biotit erscheint in grösseren ausgezogenen Flasern und kleinen, überall verteilten Blättern, Muskovit reichlich in kleineren Blättern. Hornblende fehlt. Quarz und Feldspat (als Orthoklas, Plagioklas und Mikroklin auftretend) bilden den Hauptanteil der Gesteinsmasse. Als seltenere Gemengteile treten Apatit und Titanit auf. Erze fehlen fast gänzlich. Epidot, der in einigen Teilen des Schliffs fehlt, tritt bänderweise wieder reichlicher auf.

Eine **Minette** (No. 25) durchbricht wechsellagernde Konglomerat- und Sandsteinbänke der Buam-Schlucht (*Friederichsen* pag. 33).

Makroskopisch erscheint sie feinkörnig, schwarzgrau, reich an Glimmer. Unter dem Mikroskop erweist sich das Gestein als eine typische Minette, die stark an die bekannten Vorkommnisse von Frammont und Grube Himmelsfürst bei Freiberg erinnert (vergl. Taf. 51, Fig. 1). Es stellt vorherrschend ein Gemenge von Orthoklas und Biotit, beide in nahezu idiomorpher Ausbildung dar. Der Glimmer ist dunkelbraun, zum Teil mit einem Stich ins Graue, stark pleochroitisch, oft gestaucht und etwas aufgeblättert. Der Feldspat erscheint in kurzen, breiten, rechteckigen Leisten, lässt keine Streifung erkennen, weil er stark zersetzt ist. Unter den Zersetzungsprodukten leuchten Blätter von Muskovit auf, es liegt Orthoklas vor. Magnetit erfüllt in scharf begrenzten, nicht gerade kleinen Krystallen die Gesteinsmasse ziemlich gleichmässig; zahlreiche feine Apatitnadeln sind erkennbar; Quarz erfüllt in ziemlich geringer Menge eckige Hohlräume.

Friederichsen übt bei der Altersbestimmung dieser Minette, bezw. der von ihr durchbrochenen Schichten (vergl. Anmerkung zu S. 33) gebührende Vorsicht. Man darf bekanntlich im allgemeinen allein aus dem Aussehen und der Zusammensetzung eines Gesteins nicht auf sein Alter schliessen, in diesem Falle allerdings erscheint es unbedenklich, der Minette der Buam-Schlucht ein ähnlich hohes geologisches Alter zuzuschreiben, wie den bekannten Vorkommnissen z. B. des Odenwaldes und der Vogesen, weil sich in dem ganzen Gebiet keinerlei Andeutungen von jungvulkanischen Gesteinen finden.

Der **Uralitporphyrit** (No. 26) der Buam-Schlucht ist dicht, schwarz, von feinen Calcitschnüren durchzogen. Dunkle Einsprenglinge treten nur undeutlich hervor.

Unter dem Mikroskop bietet sich das typische Bild eines stark zersetzten Augitporphyrit. Die Einsprenglinge erscheinen in faserige Hornblende umgewandelt. Wenn auch keine Augitreste mehr erkennbar sind, so lassen doch die scharf begrenzten Umrisse nicht daran zweifeln, dass Augit vorgelegen hat. Vielfach ist die Zersetzung noch weiter fortgeschritten und nehmen feine Fasern einer serpentinartigen Substanz die Stelle der Einsprenglinge ein.

Die feinkörnige Grundmasse lässt neben Feldspatleisten Magnetitkrystalle, Chloritschüppchen, Epidotkörnchen, Calcitkörner und dergleichen Zersetzungsprodukte erkennen.

Der **Quarzporphyr** (No. 27) der Buam-Schlucht (*Friederichsen* S. 36) zeigt eine felsitische, rötlichgraue Grundmasse mit zahlreichen kleinen Einsprenglingen von Quarz und Feldspat, zwischen denen dunkle Flecken, von zersetzten Bisilikaten herrührend, auftreten.

Unter dem Mikroskop erkennt man meist unregelmässig begrenzte Einsprenglinge von Quarz, Orthoklas und Plagioklas in einer mikro- bis kryptokrystallinen Grundmasse von sehr wechselndem Korn. Die Biegungen der Plagioklaslamellen deuten auf Pressungsvorgänge im Gestein. Dunkler Glimmer ist vorhanden, stark lappig ausgebildet und nicht reichlich. Der ganze Habitus erinnert an die archäischen Quarzporphyre Smålands, die zum Teil früher als Hälleflinten bezeichnet wurden.

b. Gesteine vom Südufer des Issyk-kul.
Nördliche Vorberge des Terskei Ala-tau bis Prschewálsk.

Quarzdiorit (No. 37) wurde gefunden am Aufstieg zum Pass Alabásch, in der Vorkette des Terskei Ala-tau (*Friederichsen* pag. 45).

Makroskopisch treten vorherrschend sehr grosse Hornblendekrystalle auf, zwischen denen die sehr zurücktretenden hellen Gemengteile nur schmale Schnüre und kleine Flecken einnehmen.

Unter dem Mikroskop erweist sich Hornblende als der Hauptgemengteil, der in regelmässigen Krystallen und Körnern auftritt. Daneben findet sich Biotit nicht gerade spärlich. Die Erze sind, nach den Umrissen zu urteilen, Magnetit und Titaneisen. Apatit ist reichlich anwesend. Die Hornblende ist zum Teil mikropegmatitisch von Quarz durchwachsen; letzterer tritt auch als selbständiger Gemengteil auf. Vereinzelt umschliesst die Hornblende auch grössere Augitkrystalle. Der Feldspat ist stark zersetzt; vielfach ist noch die Streifung der Plagioklase erkennbar, doch scheint auch Orthoklas vorzukommen. Titanit ist merkwürdig spärlich vorhanden. Epidot- und Muskovitblättchen finden sich als Zersetzungsprodukte.

An demselben Aufstieg findet sich ein **Augitsyenit** (No. 38). Mit unbewaffnetem Auge betrachtet, erscheint das grobkörnige, zersetzte Gestein schmutziggrün, mit helleren Flecken; hin und wieder ist ein Pyroxenkorn zu entdecken.

Unter dem Mikroskop erkennt man, dass Augit der Hauptgemengteil ist; er nimmt mindestens zwei Drittel der Gesteinsmasse ein. Die Farbe ist sehr hell gelblichgrau, scharfe Umrisse sind nur sehr spärlich vorhanden. Die Spaltung ist rein prismatisch. Er ist ganz frei von Interpositionen, stellenweise infolge beginnender Zersetzung fein gefasert. Der Feldspat ist infolge vorgeschrittener Zersetzung schwer bestimmbar. Es liegt anscheinend ein moirierter Orthoklas vor. Er umschliesst massenhaft kleine Augitkörner, ist nirgends krystallographisch begrenzt, sondern füllt die Zwischenräume der Augite. Als ganz seltener Gemengteil ist hellbrauner Biotit, der kleine Blätter bildet, zu nennen. Erze fehlen gänzlich, Apatit ist sehr selten. Als Zwischenklemmungsmasse scheint zersetzter Nephelin, der aber nicht sicher bestimmbar ist, aufzutreten. Das Magma dieses Syenits muss ganz auffallend eisenarm gewesen sein.

Granitporphyr (No. 39 und 40) kommt am Aufstieg zum Pass Alabásch und auf der Passhöhe vor. Beide Vorkommnisse sehen sich makroskopisch sehr ähnlich, eine ziegelrote, sehr feinkörnige Grundmasse enthält verschiedene Einsprenglinge von Feldspat, Quarz und Bisilikaten.

Auch mikroskopisch sehen sich die Gesteine recht ähnlich, unterscheiden sich aber doch in einigen Merkmalen. Als Einsprenglinge, zum Teil von vorzüglich scharfer Begrenzung, finden sich in dem Gestein No. 40 Orthoklas, Mikroklin und Plagioklas, ferner grüner Biotit in kleineren Blättern. Die Grundmasse besteht aus Quarz und Feldspat, welche zum Teil regellos durcheinander gelagert erscheinen, zum Teil aber auch, und zwar recht reichlich, in granophyrischer Verwachsung auftreten.

Zu bemerken ist noch das Vorkommen von Zirkon, Titanit, Apatit und Erzen.

Der **Granitporphyr** (No. 39) von der Passhöhe Alabásch zeigt Quarz und Feldspat (letzteren als Orthoklas und Plagioklas entwickelt) als Einsprenglinge. Beide Mineralien sind im allgemeinen schlecht krystallographisch begrenzt; nur die Quarze zeigen hin und wieder Andeutungen von Krystallumrissen. Einbuchtungen der Grundmasse sind häufig. Glimmer ist als grüner Biotit und farbloser Muskovit vertreten. Letzterer tritt vor den nicht selten gebleichten Biotiten durch seine viel lebhafteren Interferenzfarben hervor, auch neigt der Muskovit zu solideren Formen als der meist mehr blättrige und faserige Biotit. Die Grundmasse besteht aus Quarz und Orthoklas, seltener Plagioklas, die sich in gradlinigen Begrenzungen scharf gegen einander abheben, weil die Feldspate, wie auch die Einsprenglinge, intensiv rot bestäubt sind. Stellenweise sind Quarz und Orthoklas granophyrisch verwachsen. Erze und Apatit sind als seltenere Gemengteile zu verzeichnen.

Trotz der Verschiedenheiten des Bildes ist kein Zweifel, dass beide Gesteinsproben zusammengehören. Sie gleichen in manchen Zügen ausserordentlich Granitporphyren des baltischen Rapakiwigebiets.

Ein **Amphibolbiotitgranit** (No. 41) vom Pass Alabásch ist mittelkörnig, grau, ziemlich frisch und lässt alle Gemengteile schon mit unbewaffnetem Auge deutlich unterscheiden.

Als dunkle Gemengteile treten unter dem Mikroskop Hornblende und Biotit in ziemlich gleichen Mengen auf. Erze sind in grossen Krystallen und Körnern vorhanden; Titanit sehr reichlich anwesend, ebenso Apatit; Zirkone finden sich nur spärlich.

Im übrigen besteht das Gestein aus vorherrschendem Orthoklas, Quarz und Plagioklas. Der Orthoklas ist vielfach unter Bildung von hellen Glimmerschüppchen zersetzt, während der Plagioklas meist noch recht frisch erscheint.

Kataklastische Erscheinungen sind nur ganz schwach angedeutet.

Aus dem Korumdú-Tal, am Nordabhange der Terskei Alatau, liegen Granite und Diorite vor.

Ein Stück des **Biotitgranits** (No. 46) aus dem Tal des Korumdú (*Friederichsen* pag. 46) ist sehr grobkörnig, ausserordentlich arm an Bisilikaten, hellfleischrot von Farbe. Er besteht aus wenig Biotit, Feldspat und Quarz. Letzterer löscht undulös aus und zeigt eine sehr zarte Streifung, die erst kurz vor der Dunkelstellung bemerkbar wird. Der Feldspat ist vorherrschend als Orthoklas und Mikroklin in grösseren Individuen ausgebildet, die Plagioklase sind im allgemeinen kleiner.

Biotitgranit (No. 43) desselben Tales. Das rötlichgraue, feinkörnige Gestein verrät schon dem blossen Auge sehr intensive Druckwirkungen, namentlich durch das Auftreten der zerflaserten und meist in unbestimmten Flecken auftretenden dunklen Gemengteile.

Gebleichter Biotit als spärlicher, Feldspat und Quarz als stark herrschende Gemengteile setzen das Gestein zusammen. Grosse Feldspat- und Quarzflächen erscheinen bei gekreuzten Nicols als aus kleineren Bruchstücken zusammengesetzt, die Quarze löschen undulös aus, ebenso einzelne Feldspate. Das Gestein ist also intensiven Druckwirkungen ausgesetzt gewesen.

Als Feldspate finden sich Orthoklas, Gittermikroklin und Plagioklas. Epidot ist reichlich vorhanden.

Merkwürdiger Weise sind Orthoklas und Plagioklos intensiv bestäubt, während der Mikroklin fast ganz frei von fremden Beimengungen erscheint.

Es sei noch des seltenen Vorkommens von Erzen und Zirkon gedacht; ebenso ist Apatit relativ selten.

Ein **aplitischer Gang** (No. 42) zeigt dieselbe Zusammensetzung, doch viel weniger intensive Kataklase. Zu den Gemengteilen tritt als seltener Bestandteil Muskovit hinzu, Epidot ist nicht so reichlich vorhanden.

Diorit (No. 44) vom Korumdú-Tal. Das mittelkörnige, mit blossem Auge Hornblende, Glimmer und Feldspat erkennen lassende Gestein erweist sich mikroskopisch als typischer Diorit.

Das vorherrschende Bisilikat ist gemeine Hornblende, dazu gesellt sich grüner, ins Graue spielender Glimmer.

Die Hornblende ist meist nicht krystallographisch begrenzt, nur in der Prismenzone treten ab und zu scharfe Umrisse auf. Einlagerungen fehlen stellenweise ganz, sind an anderen Stellen wieder reichlich vorhanden, und zwar erscheinen sowohl Pünktchen von Erz als auch strichförmige Interpositionen.

Der Glimmer, stark pleochroitisch, erscheint vielfach stark gestaucht, in paralleler Einlagerung zwischen den Glimmerblättern kommt stengeliger Epidot vor, der sich auch sonst, zweifellos als sekundäres Produkt, reichlich findet. Der Plagioklas erscheint mit breiten Lamellen, ist stark zersetzt; auch Orthoklas findet sich. Ganz spärlich ist granitischer Quarz vorhanden mit Flüssigkeitseinschlüssen und Trichiten. Er löscht undulös aus.

Zu erwähnen sind noch Apatit, der in relativ sehr grossen Krystallen von meist nur mässiger Ebenflächigkeit auftritt, Titaneisen, das lappig und zerhackt erscheint, zum Theil von Titanit umrandet, und Magnetit, der sich nur relativ selten findet.

Es liegt also ein Amphibolglimmerdiorit von normaler Ausbildung vor. Das Gestein hat, wie der Glimmer und der Quarz beweisen, starke Pressungen erlitten.

Amphibol-Diallaggranit (?) (No. 45) vom Tal des Korumdú. Das mittelkörnige, dunkelgraue Gestein zeigt durch Hervortreten der einzelnen Feldspate eine schwache Andeutung porphyrischer Struktur.

Die sehr reichlich vorhandenen Bisilikate sind gemeine Hornblende, Diallag und brauner Glimmer. Die Hornblende erscheint oft mit dem Diallag, der zweifellos älter ist, parallel verwachsen. Alle Bisilikate zeigen nur sehr spärlich krystallographische Begrenzungen.

Unter den Feldspaten, die stark durch Interpositionen verunreinigt sind, herrscht Orthoklas (in Karlsbader Zwillingen auftretend) durch Grösse der Individuen vor; Plagioklas, der auch reichlich vorhanden ist, zeigt wesentlich kleinere Individuen. Quarz ist nur in geringer Menge vorhanden. Die Feldspate erscheinen vollgespickt von kleinen Pyroxenkörnern. Kataklase ist schwach angedeutet. Zu nennen sind noch Apatit, Titanit, Zirkon und Erze. Das Gestein nähert sich stark den Dioriten. Möglicherweise gehört es zu den krystallinen Schiefern, ist also als Diallagamphibolit zu bezeichnen, da es einen auffallenden Mangel an Idiomorphismus der Gemengteile zeigt.

Vom Kulguná-bel (*Friederichsen* pag. 47) aus den Vorbergen des Terskei Ala-tau liegt ein mittelkörniger, fleischroter **Biotit-Granit** (No. 47) vor.

Unter dem Mikroskop erscheint ein mittel- bis kleinkörniges Gemenge von spärlichem Biotit, Orthoklas, zum Teil rein, zum grösseren Teil perthitisch durchwachsen, und Plagioklas. Auch hier zeigen sich Druckwirkungen in Gestalt von verworfenen Plagioklasen und undulösen Quarzen.

Ein **Amphibolbiotitgranit** (No. 49), ziemlich grobkörnig, schon mit blossem Auge als stark kataklastisch verändert erkennbar, wurde von der Spitze des Dschamán-karagei, im Katschí-Tal geschlagen (*Friederichsen* pag. 51).

Brauner Biotit und grüne Hornblende erscheinen als Bisilikate in einem Gemenge von Orthoklas, Plagioklas und Quarz. Die Druckerscheinungen sind ausserordentlich intensiv, namentlich treten bei den Plagioklasen die Biegungen der Lamellen sehr häufig auf; Epidotbildung hat sehr reichlich stattgefunden.

Grobkörniger **Biotitgranit** (No. 50) fand sich am Pass Karatasch im Katschí-Tal. Mit blossem Auge erkennt man gequetschten Biotit, Feldspat und Quarz.

Unter dem Mikroskop ähnelt das Gestein dem vorigen. Es fehlt zwar Hornblende im Schliff, Plagioklas ist seltener. Im übrigen bietet es nichts Bemerkenswertes. Es ist auch sehr stark gepresst.

Ein **Diabas** (No. 51) tritt als Gang im Granit des Karatasch auf. Dem blossen Auge erscheint das Gestein sehr feinkörnig, fast dicht, grünlichschwarz. Einzelne Feldspate treten deutlich hervor.

Unter dem Mikroskop erkennt man, dass faserige Hornblende (aus Augit hervorgegangen), hellgrüner Biotit und lange Plagioklasleisten in der bekannten Diabasstruktur zusammentreten. Reichlich vorhandene kleine Erzkrystalle sind randlich mit weisslichen Zersetzungsprodukten umgeben, scheinen also aus Titaneisen zu bestehen. Vielfach ist die Zersetzung bis zur Epidot- und Chloritbildung vorgeschritten.

Der **Amphibolbiotitgranit** (No. 53) des oberen Tosór-Tales (*Friederichsen* pag. 52) ist grobkörnig, mit unbewaffnetem Auge deutlich bestimmbar. Hornblende wiegt vor dem Glimmer vor. Das Gestein ist auffallend dunkel.

Unter dem Mikroskop zeigt das grobkörnige Gestein die normale Zusammensetzung. Es ist im allgemeinen sehr frisch, zeigt nur wieder die kataklastischen Erscheinungen in sehr intensiver Ausbildung.

Eine Schliere aus dem Granit (No. 52) ist feinkörnig, schwarz. Die Zusammensetzung und Struktur sind ganz die eines typischen Diorit. Namentlich ist hervorzuheben, dass die Struktur keinerlei Andeutungen an die Struktur der Ganggesteine zeigt; sie ist echt hypidiomorph körnig. Hornblende und Glimmer finden sich in ziemlich gleichen Mengen. Der Plagioklas, welcher Tendenz zu leistenförmiger Ausbildung zeigt, herrscht vor Orthoklas vor. Titanit findet sich sehr reichlich, Erz und Apatit nicht reichlich, Zirkon vereinzelt.

Ein **Biotitgranit** (No. 55) des unteren Tosór-Tales, hellfleischrot, mittelkörnig, ist sehr arm an Bisilikaten. Die mikroskopische Untersuchung lehrt, dass ein Biotitgranit vorliegt, in welchem die Druckeinwirkungen sehr intensiv entwickelt sind. Betreffs der Zusammensetzung ist nur zu erwähnen, dass unter dem Feldspat der Gittermikroklin stark vorherrscht.

Neben dem mittelkörnigen Granit findet sich sehr feinkörniger, in dem die Bisilikate noch seltener vorkommen (No. 56).

Amphibolbiotitgranit (No. 57) kommt im Tosór-Tal auch in stark abweichender Form vor. In einem solchen Stück ist der Biotit der vorherrschende dunkle Gemengteil. Hornblende ist nur an einzelnen Stellen deutlich bestimmbar. Dass sie reichlich vorhanden gewesen sein muss, deuten ausgedehnte Anhäufungen von schmutziggrünen, faserigblätterigen Zersetzungsprodukten und namentlich auch der starke Gehalt an Titanit, der sich bekanntlich nur in Amphibolgesteinen so reichlich zu finden pflegt, an.

Unter den Feldspaten kommt neben Orthoklas für einen Granit recht reichlich Plagioklas vor; auch Mikroklin ist reichlich vorhanden, ohne zu herrschen; Quarz ist relativ nicht reichlich.

Die Druckerscheinungen verraten sich ausser an den undulös auslöschenden Quarzen an den zum Teil förmlich zerknitterten Plagioklaslamellen.

Quarzporphyr (No. 59) (*Friederichsen* pag. 53) steht im unteren Tosór-Tal nahe dem Ausgang zum Issyk-kul an. Er erscheint plattig abgesondert. Die Farbe der felsitischen Grundmasse ist rotviolett; Einsprenglinge von Quarz und Feldspat sind reichlich vorhanden.

Als Einsprenglinge lassen sich mikroskopisch Quarz, Orthoklas Plagioklas und stark zersetzter Biotit bestimmen. Zum Teil sind die Umgrenzungen krystallographisch scharf. Vereinzelt treten scharf begrenzte, von Erzkryställchen und grünen Zersetzungsprodukten erfüllte Umrisse auf, welche sich nur als Pseudomorphosen nach Hornblende deuten lassen. Die Grundmasse ist anscheinend vollkrystallin. Bei gekreuzten Nikols erscheint sie merkwürdig scheckig; die Quarze sind ziemlich helldurchsichtig, die die Quarze umgebende Masse ist sehr zersetzt — anscheinend vorherrschend aus Feldspat bestehend —, durch das Übergreifen der Zersetzungsprodukte auf die Quarze kommt ein merkwürdig unbestimmt fleckiges Aussehen zu Stande.

Sehr ähnliche Gesteine finden sich unter den älteren Quarzporphyren in Elfdal.

Schwache Pressungserscheinungen sind erkennbar.

Aus dem Dschity-ogus-Tal (*Friederichsen* pag. 61) liegt **Gneiss** (No. 73) vor. Das sehr dunkle, stark schiefrige Gestein zeigt bei oberflächlicher Betrachtung auf den Schieferungsflächen fast ausschliesslich wellige Glimmerblättchen, auf dem Querbruch Feldspat und Quarz. Das Gestein unterlagert krystallinen Kalkstein.

Unter dem Mikroskop treten neben vorherrschendem Biotit, Quarz und stark rot bestäubtem Feldspat, Erze, Apatit und Zirkon auf. Muskovit erscheint einzeln, aber in grösseren Blättern. Kataklasstruktur ist sehr ausgeprägt.

Zwei Granite (No. 74 und 75) fanden sich als Gerölle im Tal des Dschity-ogus.

Ein **Amphibolbiotitgranit** (No. 74) ist mittelkörnig, mit roher, durch Parallelstellung der säulenförmig gestalteten Hornblendekrystalle bewirkter Parallelstruktur. Die dunklen Gemengteile herrschen stark vor, Hornblende und Biotit in ziemlich gleichen Mengen. Apatit ist sehr reichlich, Zirkon vereinzelt, Titanit in einer für ein so hornblendereiches Gestein bemerkenswert geringen Menge vorhanden.

Unter den Feldspaten herrscht Orthoklas vor Plagioklas vor. Quarz und gestauchter Biotit verraten Druckeinwirkungen.

Ein **Biotitgranit** (No. 75) ist fleischrot, grobkörnig. Grüner Biotit ist spärlich vorhanden, Quarz und Feldspat sind die herrschenden Gemengteile. Druckwirkungen sind deutlich erkennbar. Perthitischer Orthoklas herrscht vor Plagioklas vor.

Amphibolbiotitgranit (No. 80) liegt aus dem Tal des Kleinen Aksú (*Friederichsen* pag. 65) vor. Das Gestein ist grobkörnig, grau.

Unter dem Mikroskop fällt vor allem der reichliche Gehalt an grossen, wohlbegrenzten Titanitkrystallen auf, auch die lappigen Erze, mit Titaniträndern umgeben, sind zwar vereinzelt, aber recht gross ausgebildet. Das Gestein muss also sehr titanreich sein. Die grossen Biotite sind reichlich von Apatit und vereinzelt von Zirkonen durchwachsen. Orthoklas herrscht vor Plagioklas vor, Quarz ist recht reichlich anwesend. Die Druckphänomene sind nur schwach entwickelt. Amphibol fehlt zufällig im Schliff. Calcit in Krystallen füllt eckige Hohlräume.

Ein anderer **Amphibolbiotitgranit** (No. 81) von demselben Fundort ist grobkörnig, durch starkes Vorherrschen des Feldspat fast ziegelrot. Das Gestein stimmt in allen wesentlichen Eigenschaften mit dem vorigen überein. Bemerkenswert ist nur die eigentümliche Umwandlung des Titanit. Innerhalb spitzrhombischer auf Titanit deutender Hohlräume oder Umrisse, die zum Teil noch mit Titanit erfüllt sind, finden sich stark lichtbrechende, gelbbräunlich durchscheinende spitze Doppelpyramiden, die bisweilen abgerundete Kanten annehmen und fast linsenförmig erscheinen. Auslöschung ist, soweit bei dem sehr hohen Brechungsvermögen erkennbar, genau parallel und senkrecht zur grossen Achse der Doppelpyramide. Die Körperchen füllen niemals den ganzen Umriss aus.

Es scheint, dass es sich um die zuerst von *J. S. Diller* *) beobachtete Umwandlung von Titanit in Anatas handelt. Leider sind die Krystalle so klein, dass Anhaltspunkte zu genauerer Bestimmung nicht gegeben sind, insbesondere ist zu bemerken, dass Spaltrisse fehlen. Die fraglichen Körper fehlen in der eigentlichen Gesteinsmasse und sind auf die Titanitumrisse beschränkt; sie müssen also aus diesem Gemengteil hervorgegangen sein. Sie füllen nur einen Teil des Umrisses aus; es muss also eine Umwandlung unter Substanzverlust stattgefunden haben. Es bleibt also kaum eine andere Annahme übrig, als dass Anatas vorliegt. — Unveränderte Titanitsubstanz findet sich noch als teilweise Ausfüllung der genannten Hohlräume, sowie vereinzelt in kleinen Krystallen (vergl. Taf. 51, Fig. 2).

Calcit findet sich in grösseren einheitlichen Individuen, fast wie ein ursprünglicher Gemengteil auftretend.

Diesem Gestein entspringt die heisse Quelle „Arasán" (*Friederichsen* pag. 65) und man ist versucht, anzunehmen, dass die eigentümliche Umwandlung des Titanits vielleicht der Thermalwirkung

*) *J. S. Diller,* Anatas als Umwandlungsprodukt von Titanit. N. Jahrb. f. Min. 1883 I.

zuzuschreiben ist, besonders, da das die Umwandlung zeigende Stück auch äusserlich die durch Verdunstung des Wassers entstandene Salzkruste zeigt.

2. Von Prschewálsk bis Naryn-kol.

a. Turgén-Aksú-Tal, über den Kara-kyr-Pass zum Külü-Hochtal.

Amphibolbiotitgranit (No. 84) (*Friederichsen* pag. 79) steht im Turgén-Aksú-Tal in grosser Ausdehnung an. Das Gestein ist mittelkörnig, hellgrau.

Es zeigt die normale Zusammensetzung eines Amphibolbiotitgranits. Titanit ist reichlich und zwar zum Teil in sehr grossen Krystallen vorhanden. Der Feldspat ist grösstenteils als Mikroklin entwickelt. Druckphänomene sind schwach angedeutet.

Ein fleischroter **Biotitgranit** (No. 90) (*Friederichsen* pag. 82), anscheinend durch Druck in dünne Platten zerteilt, ist nahe dem Einfluss des Kokíja in den Turgén-Aksú gesammelt.

Das Gestein gleicht sehr den mittel- bis grobkörnigen, gequetschten Biotitgraniten, welche bereits mehrfach aus dem westlichen Terskei Ala-tau beschrieben wurden (z. B. No. 71).

Im Kontakthof dieses Granits, zwischen dem Granit und den weiter aufwärts im Turgén-Aksú-Tal anstehenden Tonschiefern (*Friederichsen* pag. 80) findet sich ein eigentümliches Gestein (No. 91), über dessen Natur sich ohne näheres Studium der Lokalität nichts Bestimmtes ausmachen lässt.

Es erscheint grauschwarz, feinkörnig, fettglänzend schimmernd, von graugelben Adern durchzogen.

Unter dem Mikroskop erscheint als Hauptbestandteil Epidot in ziemlich grossen Körnern und Krystallen. Vereinzelt, doch nicht selten umschliessen die Epidote dunkelbraune Krystalle, die oft scharf abgegrenzt sind, sechsseitige, sehr schief auslöschende Querschnitte, die aber auch oft in den Epidot allmählich übergehen. Zwischen den Epidoten winden sich Schnüre und Gruppen von Quarzkörnern, die stark undulös auslöschen, hindurch.

In den Quarzen sind zahlreiche, auffallend scharf begrenzte Kryställchen von Magnetit und hell durchscheinenden Spinellen eingeschlossen. Diese deuten darauf hin, dass es sich um ein Kontaktgestein handelt. Welches das Ursprungsgestein sein mag, ist nicht ohne weiteres feststellbar.

Ein **Körniger Kalk** (No. 92) findet sich in demselben Kontakt. Neben Calcit finden sich unter dem Mikroskop spärlich kleine scharfbegrenzte Magnetite.

Ein **Amphibolbiotitgranit** (No. 93) des oberen Turgén-Aksú-Tales (*Friederichsen* pag. 80) ist mittelkörnig, hellgrau.. Unter dem Mikroskop erweist sich der mit Zirkoneinschlüssen und pleochroitischen Höfen versehene Biotit als teilweise recht scharf begrenzt. Hornblende ist spärlich vorhanden. Die relativ recht frischen Feldspate sind zum Teil vorzüglich zonar aufgebaut. Perthitischer Orthoklas ist neben gemeinem Orthoklas reichlich vorhanden; ersterer zeigt oft Karlsbader Zwillinge. Plagioklas, nach Albit- und Periklingesetz verzwillingt, findet sich ziemlich reichlich. Grobe pegmatitische Verwachsungen von Quarz und Feldspat kommen hin und wieder vor. Einmal wurde ein Turmalin beobachtet. Druckwirkungen sind deutlich entwickelt.

Auch dunkler **Amphibolbiotitgranit** (No. 94), der besonders reich ist an basischen Gemengteilen, liegt aus dem oberen Turgén-Aksú-Tal vor.

Unter dem Mikroskop erscheint gemeine Hornblende als Hauptgemengteil; die Krystalle sind zum Teil auffallend gut begrenzt, oft verzwillingt. Biotit ist ziemlich reichlich vorhanden. Unter den Feldspaten herrscht Plagioklas in relativ kleineren Krystallen, die Tendenz zur Säulenform zeigen, stark vor; daneben findet sich Orthoklas in weniger gut begrenzten Krystallen. Quarz kommt spärlich als Ausfüllung eckiger Hohlräume vor.

Apatit, Titanit, Zirkon finden sich; letzterer meist als Einschluss im Glimmer. Erze fehlen fast ganz.

Das vorzüglich frische Gestein zeigt keine Druckwirkungen, doch wahrscheinlich nur, weil der Quarz, in dem sich sonst die Druckphänomene am deutlichsten zeigen, nur spärlich und in kleinen Partieen vorkommt.

Echter **Amphibolbiotitgranit** (No. 95), fleischrot, mittelkörnig, findet sich ebenfalls am oberen Turgén-Aksú.

Makroskopisch ist er arm an Bisilikaten.

Unter dem Mikroskop erweist sich das Gestein reich an perthitischem Orthoklas und Mikroklin. Druckwirkungen sind vorhanden.

Die drei beschriebenen Handstücke (No. 93—95) entstammen wahrscheinlich einem und demselben Massiv und sind nur verschiedene Ausbildungsformen desselben Granitvorkommens.

Olivindiabasporphyrit (No. 89) wurde dem Schutt der rechten Talwand des Turgén-Aksú, kurz unterhalb der Einmündung der Kokǐja entnommen. Makroskopisch gleicht das Gestein einem durch Feldspate schwach porphyrischen Diabas. Es erweist sich unter dem Mikroskop als stark zersetzt. Olivin war in Gestalt grosser Einsprenglinge vorhanden, das beweisen die unverkennbaren Umrisse, die jetzt mit Calcit, Quarz und namentlich Eisenoxyden, angeordnet auf der Peripherie und den ehemaligen Spaltrissen, angefüllt sind. Daneben finden sich noch wohlerkennbare Plagioklaseinsprenglinge sowie grosse zersetzte Biotite. Grosse Umrissformen, mit Quarz erfüllt, durch Chlorit gefärbt, deuten auf Augit hin. Die Grundmasse besteht aus vorherrschenden Plagioklasleisten neben Magnetiten, Chloritschüppchen, Epidotkörnchen und dergleichen Zersetzungsprodukten. Der verschiedene Reichtum an Erzkörnchen, die bald dicht gehäuft, bald spärlicher vorkommen, giebt der Grundmasse ein geschecktes, schlieriges Aussehen. Apatite sind gross ausgebildet.

Ein **Dioritporphyrit** (No. 85) entstammt dem Material eines Bergsturzes vom Einfluss der Kokíja in den Turgén-Aksú. Das Gestein muss nach einer Notiz *Friederichsens* an der Talwand anstehen. Unter dem Mikroskop erweist sich das makroskopisch ziemlich einförmig grau aussehende Gestein als porphyrisch durch zahlreiche Einsprenglinge von Plagioklas, die durchweg scharf begrenzt sind und viel weniger zahlreiche Einsprenglinge von durchlöcherter, zerfaserter, schlecht begrenzter Hornblende. Die Hornblenden umschliessen vielfach Epidotkörner und Biotitblätter und sind zum Teil faserig zersetzt. Sie erscheinen überhaupt unter Konservierung der allgemeinen Umrisse in einzelne Nadeln, Körner und Blättchen aufgelöst. Die Grundmasse besteht aus einem Gewirr von Feldspatleistchen und -körnern, durchspickt mit grünen Hornblende(?)nadeln und Erzkörnchen. Gleiche Nadeln wie die Grundmasse durchschwärmen auch die Plagioklaseinsprenglinge.

Ein **Strahlsteinschiefer** (No. 86) entstammt demselben Bergsturz. Makroskopisch erscheint das Handstück fast massig, grünlichgrau; nach einer Notiz der Etikette ist es schiefrig, wie auch nach der mikroskopischen Bestimmung wahrscheinlich erscheint.

Unter dem Mikroskop erkennt man einen feinen Filz von Strahlsteinnadeln und -blättern, welche einzelne kleinere Amphibolkörner umschliessen und in den Gewebemaschen unregelmässig begrenzte Quarzkörner enthalten. Ganz untergeordnet ist monosymmetrischer Feldspat vorhanden; auch Erz ist, wenn auch sehr spärlich, anwesend. Reichlich finden sich gelbe, stark lichtbrechende Körner, anscheinend aus Epidot bestehend.

Ein drittes Gestein desselben Bergsturzes ist als **Hornblende-porphyrit** (No. 87) bestimmbar.

In einer dichten dunkelgraugrünen Grundmasse liegen zahlreiche Säulen von Hornblende. Die grossen Hornblendeeinsprenglinge erweisen sich unter dem Mikroskop als nicht einheitliche Individuen. Obgleich sie äusserlich nicht schlecht begrenzt sind, sind sie dennoch zusammengesetzt. In einem fensterrahmenartigen Gitterwerk von einheitlicher optischer Orientierung, liegen Felder von abweichender optischer Orientierung, doch so, dass die Spaltrichtung einheitlich durch das ganze Gebilde hindurchgeht. Eine feste Beziehung der Lage der verschieden orientierten Felder zu einander war nicht zu erkennen. Vielfach erscheint schilfige Hornblende als Ansatz an den grossen Hornblendeeinsprenglingen. — Erze kommen in grossen lappigen Formen vor, Epidot in ziemlich grossen Krystallen und Krystallhaufen.

Die ziemlich zersetze Grundmasse besteht aus Feldspatleisten, die oft Streifung erkennen lassen, Hornblendeblättern und -leisten und Epidotkörnern nebst Magnetitkrystallen und Apatitnadeln. Stellenweise heben sich einzelne Feldspate durch ihre Grösse aus der Grundmasse heraus — sie sind dann von Hornblendekörnern randlich umgeben; solche finden sich auch als peripherische Einschlüsse.

Schliesslich ist **Amphibolit** (No. 88) dem Material desselben Bergsturzes entnommen. Makroskopisch erscheint das Handstück an einer Seite nur aus Hornblendekrystallen bestehend, an der andern tritt eine Schicht fast reinen Feldspats auf.

Unter dem Mikroskop erweist sich das Gestein als typischer krystalliner Schiefer, dessen Gemengteile keinerlei Idiomorphismus oder auch nur Hypidiomorphismus zeigen.

Vorherrschend sind gemeine braune und strahlsteinartige grüne Hornblende, daneben dunkler Glimmer, beide Mineralien, namentlich Glimmer, von Quarz schriftgranitisch durchwachsen. Auch Hornblende und Glimmer erscheinen in gegenseitiger paralleler Durchdringung. Spärlich kommen Quarz und Plagioklas zwischen den Bisilikaten vor. Die Strahlsteinnadeln dringen vielfach in den Quarz ein und erzeugen mikroskopischen „Moosachat". Apatit ist spärlich in grossen Krystallen vorhanden. Lagenweise kommt, aber untergeordnet, ein Gemenge von Quarz, Orthoklas und Plagioklas innerhalb des Gesteins vor. Die grösseren Quarze erscheinen in verschieden orientierte Bruchstücke, die undulös auslöschen, zerlegt.

Auch dieses Gestein verrät also Druckwirkungen.

Dem **Glimmerdiabasporphyrit** (?) (No. 96) scheint ein graues, fast dichtes, schwach porphyrisches Gestein von der rechten Talwand des Kara-kyr-Flusses anzugehören.

Das sehr zersetzte Gestein erscheint unter dem Mikroskop porphyrisch durch grosse Plagioklaseinsprenglinge, die in einer vorwiegend aus lang leistenförmigen Feldspaten zusammengesetzten Grundmasse liegen. Auch die Grundmassenfeldspate sind, soweit erkennbar, Plagioklase. Dazwischen liegen in relativ — gegenüber den Feldspaten — geringer Menge längliche grüne, schwach dichroitische Leisten einer chloritischen Substanz, die in ihren Umrissen den Durchschnitten von Glimmerblättern gleichen. Grössere Erzkörner sind noch als stark hervortretende Einsprenglinge zu nennen, kleinere Krystalle und Stäubchen sind in der Grundmasse sehr reichlich.

Der allgemeine Habitus des Gesteins ist der eines typischen Diabasporphyrits, auch finden sich gelegentlich in den Formen der Chloritmassen Hindeutungen auf das frühere Vorhandensein von Augiten, doch scheint Glimmer der charakteristische bisilikatische Gemengteil gewesen zu sein.

Zu erwähnen ist noch der Reichtum an Karbonaten, während Epidotkörnchen in bemerkenswert geringer Menge vorkommen.

Der **Quarzporphyr** (No. 97) von den Schutthalden des Kara-kyr-Tales (*Friederichsen* pag. 83) zeigt dichte, hellbraune Grundmasse mit zahlreichen, meist leistenförmigen Einsprenglingen von Feldspat.

Unter dem Mikroskop treten die zahlreichen Einsprenglinge von Feldspat, namentlich Orthoklas, besonders hervor. Bisilikate, anscheinend zersetzte Hornblende und Biotit treten sehr stark zurück, sodass das Gestein einen aplitischen Charakter erhält. Die im gewöhnlichen Licht ziemlich homogen aussehende Grundmasse zerfällt im polarisierten Licht in grössere, als Feldspat, die hypidiomorph begrenzt sind, erkennbare Flecken. Besonders auffallend ist, dass die Feldspate von zahllosen, im nichtpolarisierten Licht nur undeutlich erkennbaren, farblosen schmalen Leistchen durchspickt werden. Die Substanz dieser Leistchen ist nicht sicher bestimmbar, da sie ganz im Feldspat eingeschlossen sind. Es scheint aber Quarz vorzuliegen, da die Nadeln stellenweise von spärlich vorhandenen, deutlich als Quarz bestimmbaren, unregelmässig begrenzten Körnern, ohne abzusetzen, ausstrahlen. Das Auftreten des Quarzes erinnert etwas an das Vorkommen leistenförmigen Quarzes in den Ostseequarzporphyren, welche *H. Hedström* *) als Geschiebe in den Glazialmoränen Gotlands entdeckte. Erze, Zirkon und Apatit sind, wenn auch spärlich, vorhanden.

Im Geröll des Ottuk-Flusses (*Friederichsen* pag. 86) kommen Diabas (No. 101) und Amphibolit (No. 102) vor.

Der **Diabas** ist feinkörnig, schwarz.

Die weit vorgeschrittene Zersetzung erschwert die Bestimmung. Anscheinend ist das Gestein ein Hornblendediabas.

Reichlich findet sich Plagioklas in langen Leisten, die intensiv braun bestäubt sind, eine Erscheinung, welche bekanntlich skandinavische Diabase häufig zeigen. Dazwischen liegen Haufen von chloritischen Schuppen; Hornblende und auch Reste von dunklem Glimmer sind vorhanden. Unter den Erzen, von denen Magnetit in wohlbegrenzten Krystallen erscheint, ist namentlich Titaneisen in lappigen und gitterförmigen Partieen reichlich vorhanden. Auch Pyrit konnte bestimmt werden. Zu nennen ist noch Apatit und der reichlich vorhandene Epidot, sowie anscheinend sekundärer Quarz.

Der **Amphibolit** (No. 102) besteht aus abwechselnden Massen von Hornblendekörnern und Feldspaten.

Unter dem Mikroskop erweist sich das Gestein als ein Gemenge von durchweg allotriomorph begrenzter gemeiner Hornblende, die stark vorherrscht, mit Orthoklas und Plagioklas. Der letztere Feldspat herrscht gegenüber dem Orthoklas. Die Hornblende ist oft verzwillingt. Grüner Glimmer ist spärlich vorhanden. Grosse Apatite sind reichlich. Titanit in rundlichen Körnern ist anwesend. Undulöse Auslöschung bei Amphibolen und Feldspaten weisen auf Gebirgsdruck hin.

Nach dem Schliff ist nicht sicher erkennbar, ob ein krystalliner Schiefer oder Diorit vorliegt; ersteres erscheint wahrscheinlicher.

Biotitgranit (No. 103—105) (*Friederichsen* pag. 86) steht am rechten Ufer des Ottuk-Flusses an. Das Gestein ist hellgrau, mittelkörnig. Die Zusammensetzung ist die normale eines Biotitgranits. Mikroklin und Plagioklas sind reichlich vorhanden, Druckerscheinungen sind intensiv ausgeprägt.

Unter den verschiedenen Proben des Gesteins zeichnet sich die eine durch ölgrüne Quarze aus; in demselben Stück kommt Muskovit vor. Die Druckerscheinungen sind schwächer, als bei den übrigen.

*) Studier öfver bergarter från morän vid Visby. Geol. fören. i Stockholm förhandlingar. 1894. XVI.

Glimmerdioritporphyrit (No. 108) liegt vom Aufstieg zu der Passhöhe des Törpú-Passes vor.

Mit blossem Auge erkennt man in der grauen, dichten Grundmasse Feldspate und grössere Glimmerkrystalle, welche dem Gestein, das im allgemeinen die Struktur eines Ganggesteins hat, einen porphyrischen Charakter geben.

Der Feldspat, meist leistenförmig, ist ziemlich stark zersetzt; die klaren Partieen lassen Zwillingsstreifen erkennen; unter den Zersetzungsprodukten ist bei denjenigen Durchschnitten, welche keine Zwillingsstreifen mehr erkennen lassen, Calcit reichlich vorhanden, so dass der Schluss, es liege ein Plagioklasgestein vor, zulässig ist.

Neben dem Feldspat ist Biotit der vorherrschende Gemengteil. Die Nadeln und Blätter erscheinen wohlbegrenzt, aber nie allseitig, sondern sie erscheinen an einzelnen Stellen wie zerhackt. Zum Teil sind sie sehr frisch, zum Teil wiederum stark zersetzt, aufgehellt und mit eingelagerten Eisenoxyden verunreinigt.

Zweifellos sind auch Hornblende oder Augit, vielleicht beide, im Gestein vorhanden gewesen, denn es finden sich Umrisse, die mit Erzpünktchen und faserigen Zersetzungsprodukten erfüllt sind, und die auf diese Bisilikate hinweisen. Scharf begrenzte Erze (Magnetit) sind reichlich vorhanden, Apatit ebenso in ziemlich grosser Menge. Etwas Quarz (sekundär?) erfüllt eckige Zwischenräume zwischen Feldspatleisten.

Zweiglimmriger Granit (No. 109) (*Friederichsen* pag. 88), feinkörnig, hellgrau, makroskopisch fast frei von Bisilikaten, liegt von der Hochfläche des Törpú-Passes von der linken Talwand vor.

Unter dem Mikroskop zeigt sich, dass Muskovit, wenn auch immer in kleineren Durchschnitten als der gebleichte farblose Biotit, doch reichlich vorhanden ist. Unter den Feldspaten herrscht Orthoklas stark vor Plagioklas vor. Der Quarz ist reich an farblosen, sehr feinen haarförmigen Stäbchen. Mikropegmatit ist vereinzelt erkennbar. Die Erze sind zum Teil als Pyrite bestimmbar. Die Kataklase ist sehr intensiv.

Ein grobkörniger **Amphibolbiotitgranit** (No. 110) fand sich als abgestürzter Block auf der 1. Terrasse des linken Külü-Ufers nahe der Einmündung des Törpú-Flusses (*Friederichsen* pag. 96). Makroskopisch und mikroskopisch zeigt er die normale Zusammensetzung. Er ist reich an Zirkon, zeigt starke Druckerscheinungen und starken Epidotgehalt. Der Feldspat ist stark zersetzt und nicht sicher bestimmbar.

Ein mit blossem Auge betrachtet, **Hälleflinta**artig aussehendes Gestein (No. 113) steht unmittelbar westlich von der Törpú-Mündung in den Külü an. Es erscheint grau, vollständig dicht. Unter dem Mikroskop erscheint das Gestein vorherrschend aus einer kryptokrystallinen Grundmasse bestehend, aus der feine Blättchen eines glimmerartigen Minerals (Sericit ?) hell aufleuchten. Die Lagerung der Blättchen bewirkt Parallelstruktur. Einsprenglingsartig treten kleine Quarze auf, die unregelmässig, zum Teil konkav bogig begrenzt sind, oft in Schnüren angeordnet, auch vereinzelt grössere Glimmerblättchen.

Es liegt zweifellos ein stark metamorphosiertes Gestein vor, über dessen Ursprung sich nichts Näheres ausmachen lässt.

Ein **Gneiss***) (?) (No. 118) von der Talwand des rechten Külü-Ufers ist vorherrschend fleischroth, von grünlichen Bändern und Lagen eines hornblendeartigen Minerals durchzogen. Die fleischroten Schichten sind bis zu 1 cm breit, die dunkleren dagegen sehr dünn.

Unter dem Mikroskop erweist sich das Gestein ganz vorherrschend aus Quarz und Feldspat zusammengesetzt. Der Quarz, der in grossen Feldern erscheint, zerfällt bei gekreuzten Nicols in zahlreiche unregelmässige Individuen, die undulös auslöschen. Der Feldspat erscheint als Orthoklas, Plagioklas und Mikroklin. Alle diese Gemengteile sind absolut allotriomorph. Die Hornblende findet sich in kleinen, ab und zu scharf begrenzten Durchschnitten, die sich gern in Schnüren ordnen. Epidot ist reichlich vorhanden, gern mit Erzen, unter denen Pyrit sicher bestimmbar ist, gehäuft. Zu nennen sind noch Titanit in ziemlich grossen Krystallen und Zirkon. Calcit mit Zwillingsstreifen füllt unregelmässige Hohlräume. — Glimmer und Pyroxene fehlen ganz.

Amphibolbiotitgranit (No. 119) (*Friederichsen* pag. 91), feinkörnig, fleischrot, liegt aus dem Grossen Kuru-sai-Tal, vom Aufstieg zum Arpa-töktýr-Plateau vor.

Das Gestein ist relativ frisch, arm an Bisilikaten, grüner Biotit vorherrschend, Amphibol selten. Biotit mit Rutilnadeln. Der Feldspat ist vorherrschend Orthoklas, doch ist das Gestein reich an Plagioklas und Mikroklin.

Starke Druckerscheinungen, gebogene Plagioklaslamellen.

---

*) Als Einlagerung im Gneiss des Külü-Tals findet sich ein metamorpher grobkörniger krystalliner Kalkstein, dem zahlreiche Krystalle und Körner eines hellgrünen Amphibol eingelagert sind.

Gneissgranit (No. 120) (*Friederichsen* pag. 91) steht auf dem Arpa-töktýr-Plateau an. Das Gestein ist mittelkörnig, dunkel, Parallelstruktur ist angedeutet, der Glimmer erscheint stark ausgezogen und ausgewalzt.

Als deutlich bestimmbares Bisilikat tritt unter dem Mikroskop namentlich Biotit auf; Haufen chloritischer Zersetzungsprodukte deuten das ehemalige Vorhandensein noch anderer farbiger Gemengteile (Hornblende?) an. Die Kataklase ist sehr intensiv entwickelt, zum Teil entsteht ein breccienartiger Habitus.

Auf Adern und in unregelmässigen Einschlüssen kommt Calcit vor.

Ein sehr hellfarbiger **Gneissgranit** (No. 121) (*Friederichsen* pag. 93) stammt vom rechten Ufer des oberen Sara-kulót I, beim Abstieg vom Arpa-töktýr-Plateau. Das mittelkörnige Gestein bietet nichts Bemerkenswertes.

Aus demselben Tal liegt ein stark schiefriges gneissartiges Gestein (No. 122) vor, das hellgrünlich erscheint. Auch dieses Gestein verdankt seinen Habitus vielleicht der weitgehenden Kataklase eines ursprünglichen Granits.

Talkiger Kalkstein (No. 123) (*Friederichsen* pag 93) kommt als Einlagerung in den vorher genannten gneissartigen Gesteinen des Sara-kulót-Tales vor. Er ist weiss bis hell apfelgrün, ausserordentlich feinkörnig, fast dicht.

Das Gestein erscheint unter dem Mikroskop deutlich geschichtet. Vorherrschend sind feine Körnchen von Calcit, durch welche sich feine Schnüre und Bänder eines talk(?)artigen Minerals hindurchziehen.

Ein **Gneissgranit** (No. 117) (*Friederichsen* pag. 95) steht am linken Ufer des Külü, unweit der Mündung in den Sary-dschas an. Makroskopisch erscheint er rötlichgrau, feinkörnig, von grünlichen Bändern durchzogen.

Unter dem Mikroskop zeigt sich, dass das Gestein vorherrschend ein Gemenge von Quarz und Feldspat ist. Das Gestein zeigt intensive Druckwirkungen, die Gemengteile erscheinen zertrümmert, der Quarz mit stark undulöser Auslöschung, der Plagioklas mit gebogenen Lamellen. Unter den Feldspaten herrscht Orthoklas vor. Dunkler Glimmer findet sich spärlich. Titanit ist reichlich anwesend, Zirkon und Apatit einzeln vorhanden; unter den Erzen ist Magnetit und Pyrit bestimmbar. Reichlich vorhandener Epidot durchzieht das Gestein in Schnüren.

Es scheint, als ob ursprünglich ein echter Granit vorhanden war, der durch Gebirgsdruck eine rohe Parallelstruktur erhalten hat.

Gneiss des Külü-Tals (No. 129) (*Friederichsen* pag. 98). Das feinkörnige, fleischrote Gestein erscheint von dunklen, in zusammenhängenden Schnüren auftretenden Hornblendekörnchen durchsetzt. Es hat deutlich gneissartigen Habitus.

Unter dem Mikroskop erweist es sich als ziemlich stark kataklastisch. Die grüne Hornblende erscheint nie in grösseren Individuen, sondern in zahlreiche Stäbchen, Kryställchen und Körnchen aufgelöst, die zu grösseren Flecken zusammengehäuft sind, namentlich mit Quarzen untermischt. Grosse Erzeinschlüsse sind häufig, fast regelmässig von breitem Leukoxenrand umgeben; auch selbständig tritt Titanit in grossen Mengen auf. Unter den Feldspaten sind Orthoklas, Mikroklin und Plagioklas bestimmbar. Die Struktur ist eine deutliche Gneissstruktur, indem ein weitgehender Allotriomorphismus, namentlich bei den Feldspaten, herantritt. Das Gestein ist sehr frisch. — Möglicherweise handelt es sich auch um ein granitisches Gestein, welches seine Parallelstruktur Bewegungen des Magma verdankt.

Ein **Muskovitbiotitgneiss** (No. 128) erscheint dem vorigen Gestein eingelagert. Das stark schiefrige Gestein zeigt vorherrschend braunen Glimmer, auf dem Querbruch treten farblose Gemengteile, namentlich zuckerkörniger Quarz hervor.

Im Dünnschliff tritt das Vorherrschen des braunen Biotit nicht so stark hervor, sondern neben dem Biotit tritt, wenn auch in kleineren Blättern, sehr reichlich Muskovit auf. Demnächst ist ein heller Augit mit ziemlich geringer Auslöschungsschiefe zu erwähnen, dessen relativ gut begrenzte Körner sich vorherrschend als mit eingelagerten Zwillingslamellen versehen erweisen. Der reichlich vorhandene Quarz ist stark undulös auslöschend; Feldspat, als Orthoklas und Plagioklas vorhanden, tritt sehr zurück. Zirkon und Titanit finden sich, Erze sehr spärlich. Die Struktur ist typische Gneissstruktur. Nach der Zusammensetzung könnte das Gestein, das auf der Etikette als „glimmerreiche Partie aus dem Gneiss der Talwand" bezeichnet ist, auch als feldspathaltiger Glimmerschiefer angesehen werden.

b. Gesteine der Route über den Külü-Pass zum Irtásch-Hochtal und in den Külü-tau.

Ein **Granit** (No. 138) vom linken Külü-Ufer, dunkelgrau, mittelkörnig, lässt beide Glimmerarten, Muskovit und Biotit erkennen.

Unter den zwei Glimmerarten zeichnet sich der Muskovit durch absolute Reinheit und glänzende, hohe Interferenzfarben aus, während der Biotit faserig zersetzt erscheint. Die Polarisation ist matt; auf den Spaltrissen sind Anhäufungen von Erzpünktchen. Die Farbe erscheint missfarbig, bräunlichgrau.

Quarz, reichlich vorhanden, mit Flüssigkeitseinschlüssen und Trichiten, löscht undulös aus; unter den Feldspaten, die als Orthoklas, Mikroklin und Plagioklas entwickelt sind, zeichnet sich Plagioklas durch relative Frische aus. Die Lamellen sind zum Teil gebogen und verworfen. Die hellen Gemengteile sind vorherrschend. Apatit spärlich vorhanden.

Ein hellgrauer, feinkörniger **Granit** (No. 139) vom Wasserfall der Scharkratma am rechten Külü-Ufer erscheint mikroskopisch nahezu identisch mit dem vorigen, unterschieden durch grössere Frische, die sich namentlich auch in der kräftigeren Färbung des mit pleochroitischen Höfen versehenen Biotit ausspricht. Ferner ist in diesem Gestein Zirkon in grossen Krystallen vorhanden.

Weiterhin steht am rechten Külü-Ufer ein grobkörniger normaler **Augitamphibolgranit** (No. 142) an. Als Bisilikate treten Augit und Hornblende in grossen Krystallen und Körnern auf. Die grossen Feldspate erscheinen oft als Karlsbader Zwillinge.

Unter dem Mikroskop zeigen sich als Bisilikate Augit, Hornblende und verschwindend wenig Biotit. Der Augit ist gelb durchsichtig, stets unregelmässig begrenzt und von lappigen, bizarr umgrenzten Quarzeinschlüssen erfüllt. Die Hornblende tritt in grünen Säulen auf, auch in unregelmässigen Körnern. Oft umschliesst sie kleine, ziemlich gut krystallographisch begrenzte Augitkrystalle. Titanit und Apatit sind ziemlich häufig. Zirkon ganz spärlich. An Feldspaten wurde Orthoklas, stark muskovitisch zersetzt, als vorherrschend, ferner Plagioklas und Mikroklin, letzterer recht frisch, bestimmt. Der reichlich vorhandene Quarz löscht stark undulös aus.

An der Grenze dieses Granits findet sich ein **Porphyroid**artiges Gestein (No. 141), dessen wahre Natur ohne nähere Beobachtung des Anstehenden kaum bestimmbar ist. Das dichte, graue Gestein lässt Parallelstruktur erkennen; die Gemengteile sind mit blossem Auge nicht erkennbar, hin und wieder tritt nur eine Quarzlinse auf, daneben unbestimmbare dunkle Flecken.

Unter dem Mikroskop erkennt man eine flaserige Parallelstruktur. Bestimmbar sind unregelmässige Bruchstücke von Quarz, seltener Orthoklas und Plagioklas. Die Grundmasse ist fast vollkommen kryptokrystallin, bei gekreuzten Nicols leuchten zahllose feine Blättchen eines glimmerartigen Minerals (Sericit?), welche die flaserige Struktur bedingen, auf. Reichliche Einlagerungen von zweifellos sekundärem Calcit sind vorhanden.

Ein **Granitgneiss** (No. 145) von der Halde im Aschu-Külü-Tal (*Friederichsen* pag. 104) ist graugrün, grobkörnig. Das Gestein ist ungleichmässig zusammengesetzt, stellenweise herrschen grössere Quarzmassen vor, an anderen Stellen von gleichartig körniger Struktur herrschen die farbigen Gemengteile.

Unter dem Mikroskop erweist sich das Gestein als ausserordentlich weitgehender Kataklase unterworfen. Die Zusammensetzung ist die gewöhnliche der Amphibolbiotitgranite dieses Gebietes, Hornblende, zurücktretend Biotit, sehr reichlich Quarz, die drei Feldspate, Orthoklas, Mikroklin, Plagioklas, Titanit, sehr reichlich Epidot.

Ein **gequetschter Granit** (No. 146) aus dem Aschu-Külü-Tal zeigt bei oberflächlicher Betrachtung das Aussehen eines Amphibolits, so stark scheinen die Bisilikate, namentlich Hornblende, vorzuherrschen. Parallelstruktur ist angedeutet. Die Gemengteile erscheinen deutlich ineinander gequetscht.

Unter dem Mikroskop bemerkt man unregelmässig gestaltete Bruchstücke von Quarz mit intensiv undulöser Auslöschung; ebensolche Fragmente von monosymmetrischem und asymmetrischem Feldspat liegen einsprenglingsartig in einer Art Grundmasse aus denselben Substanzen. Die Quarze sind reich an Flüssigkeitseinschlüssen und Trichiten. Die Plagioklaslamellen sind vielfach verworfen und gebogen. Glimmer und Hornblende erscheinen auseinander gewalzt und zwischen andere Gemengteile eingequetscht. Als Gemengteile sind noch Titanit und ziemlich reichlich Epidot zu nennen. Das Gestein ist ein typischer Amphibolbiotitgranit, der durch Gebirgsdruck zerquetscht ist.

Ein **Amphibolbiotitgranit** (No. 147) von der rechten Talwand des Aschu-Külü-Tals erscheint mittelkörnig, grau. Biotit und Amphibol sind ungleichmässig verteilt, stellenweise herrscht Biotit, stellenweise die Hornblende. Letzteres Material tritt in Form gutbegrenzter Säulen auf. Durch stellenweise Anhäufung der dunklen Gemengteile tritt eine undeutliche Lagenstruktur auf.

Im mikroskopischen Bilde erkennt man, dass der Granit starken Druckwirkungen ausgesetzt war. Die Konturen der Gemengteile, namentlich die Verzahnungen der Quarze deuten Annäherung an

Gneissstruktur an. An Gemengteilen tritt zu den makroskopisch erkennbaren unter dem Mikroskop nur reichlich Titanit, sowie Zirkon und Apatit hinzu.

Einen makroskopisch abweichenden Habitus bietet ein anderer, in mehreren Handstücken vertretener **Amphibolbiotitgranit** desselben Fundortes (No. 148—150). Das Gestein ist vollkommen massig, dunkelgrau, mittelkörnig, typisch granitisch. Im Schliff tritt nichts Bemerkenswertes hervor. Das Gestein ist ziemlich stark zersetzt und epidotreich; Annäherung an Gneissstruktur fehlt.

Vom linken Ufer des Irtásch liegt ein eigentümliches **Granit-Konglomerat** (No. 153) vor. Bruchstücke, rundlich und eckig, eines sehr hellen Granits mit spärlichen Hornblendenadeln werden von einem in reichlicher Menge vorhandenen, schwarzen, feinkörnigen, sericitisch glänzenden, gneissartigen Charakter zeigenden Bindemittel verbunden. (*Friederichsen* S. 104).

Die hellen Granitbruchstücke erscheinen unter dem Mikroskop als vorherrschend aus Quarz und Feldspat zusammengesetzt, die stark zertrümmert sind. Hornblende, die makroskopisch sichtbar ist, fehlt dem Schliff zufällig, dafür erscheinen vereinzelt Blätter von dunklem Glimmer. Reichlich ist Magnetit vorhanden und zwar zum Teil in relativ grossen, sehr scharf begrenzten Krystallen. In einem Fall war zu beobachten, dass der Magnetit jünger ist als der Quarz, indem ein Krystall von Magnetit um ein Quarzbruchstück herumgewachsen war.

Das Auftreten der Erze spricht dafür, dass das Gestein kontaktmetamorph verändert ist, wie dies besonders auch das Aussehen des makroskopisch gneissartigen Bindemittels zeigt.

Es zeigt als Hauptgemengteil grosse und kleine Quarzkörner und -bruchstücke, zwischen denen auch einzelne Feldspate sich zu verbergen scheinen. Dazwischen weben sich zahllose, grössenteils gut begrenzte Blättchen von grünem Glimmer und ebenfalls zahlreiche scharf begrenzte kleine Magnetite, die sich gern in Schnüren anordnen. Vereinzelt kommen kleine, farblose, stark lichtbrechende, parallel auslöschende, annähernd parallel gerichtete, kantengerundete Stäbchen vor, die aus Andalusit bestehen dürften. Epidot fehlt nicht. Das Bindemittel ist demnach als Glimmerhornfels zu bezeichnen. Die makroskopisch scharfen Grenzen zwischen Bindemittel und Granitbruchstücken verschwinden unter dem Mikroskop.

Aus einer Halde vom linken Ufer des Irtásch liegt ein mittelkörniges dunkles diabasartig aussehendes, mit kleinen, bis fast 1 cm langen weissen Feldspatleisten versehenes Gestein vor (No. 159).

Unter dem Mikroskop hat es die Zusammensetzung und das Aussehen eines **Amphibolits.**

Vorherrschend sind gemeine und strahlsteinartige Hornblende, daneben leistenartiger Plagioklas, sehr reichlich Titaneisen mit Leukoxenumrandung in sehr schöner Ausbildung. Reichlich ist auch Epidot vorhanden. Es scheint ein metamorphosierter Hornblendediabas vorzuliegen.

Anstehend am linken Ufer des Irtásch ist ein grauer mittelkörniger **Amphibolgranit** (No. 155), dessen Hornblenden in grösseren und kleineren gut begrenzten Säulen auftreten.

Im Schliff erkennt man, dass die Hornblende fast ausnahmslos vorzüglich begrenzt erscheint; je kleiner die Krystalle, desto schärfer die Umgrenzung. Heller und dunkler Glimmer treten vereinzelt auf. Die Feldspate sind stark zersetzt, kaum bestimmbar; Plagioklas und Orthoklas sind nebeneinander vorhanden, doch ist es unmöglich zu erkennen, welches Mineral vorherrscht. Titaneisen und Titanit in wohlbegrenzten Krystallen sind vorhanden, ebenso Epidot, letzterer sekundär. Der Quarz ist sehr ungleichmässig verteilt. Druckphänomene sind deutlich, doch nicht sehr scharf ausgeprägt.

Ein **grauwackenartiges Gestein** (No. 146) von schwarzgrauer Farbe, sehr feinkörnig, fast dicht, steht am rechten Ufer des Irtásch an.

Unter dem Mikroskop erweist sich das Gestein als klastisch, und zwar sind es die Granitgemengteile, welche das Gestein zusammensetzen.

Ein **Diabasporphyrit-Konglomerat** (No. 161) stammt von dem Eingang des Orto-Ütsch-kul-Tals, linke Talwand. (*Friederichsen* pag. 107).

Makroskopisch bietet das fast gleichförmig grauschwarze Gestein keine besonderen Merkmale. Unter dem Mikroskop erweist sich das Gestein als Konglomerat verschiedener Gesteine, unter denen Diabasporphyrit vorherrscht. Die einzelnen Diabasporphyritstücke sind verschieden; vorherrschend ist ein Typus, der aus feinen Feldspatleisten mit opaken Erzzwischenlagen besteht, und der auffallend an den „Trapp" des Sjunnarydsjö erinnert. Daneben tritt normaler Diabas in zwei bis drei durch ihr Korn und ihre Struktur etwas verschiedenen Formen auf; ferner finden sich zahlreiche Feldspatbruchstücke, meist Plagioklas, zwischen den Gesteinstrümmern. Der Cäment zwischen den Bruchstücken ist im Schliff nicht genauer bestimmbar; man erkennt nur, dass Quarz und Epidot darin vorhanden sind.

Ein Geröll aus demselben Tal erscheint dem beschriebenen Gestein makroskopisch ähnlich, unterscheidet sich aber durch lange glasglänzende Feldspatleisten und vereinzelte Mandeln. Mikroskopisch erkennt man wieder Bruchstücke des vorstehend genannten „Trapp".

In den Endmoränen an der Mündung des Ischigárt in den Irtásch findet sich als häufiges Geschiebe ein weisser, durch Hornblendekrystalle dunkel gesprenkelter **Granit** (No. 174) (*Friederichsen* S. 114). Das Gestein macht einen sehr frischen Eindruck; grosse, rechtwinklig begrenzte Feldspate leuchten mit glänzenden Spaltflächen aus der feinkörnigen Hauptgesteinsmasse hervor.

Unter dem Mikroskop zeigen sich Hornblende und dunkler Glimmer als basische Gemengteile, so dass ein Amphibolbiotitgranit vorliegt. Muskovit ist spärlich anwesend. Bemerkenswert ist die Häufigkeit des Plagioklas. Feldspat und Quarz sind stellenweise mikropegmatitisch verwachsen. Titanit ist sehr häufig, in kleinen gut begrenzten Krystallen vorhanden. Epidot kommt stellenweise vor. Die Kataklase ist sehr intensiv.

c. Im Sary-dschas-Hochtal und im Gebiet des Khan-Tengri-Massivs.

Der **Biotitgranit** (No. 185) (*Friederichsen* S. 119) vom Mukatschý-Tal, Einmündung in den Sary-dschas, ist makroskopisch ein echter mittelkörniger, fleischroter Granit, dessen helle Gemengteile stark vor den spärlichen Hornblendesäulen vorherrschen. Im Schliff erscheinen Bisilikate als seltenere Gemengteile, fast nur Biotit, Hornblende in nur zwei kleinen Durchschnitten, in einem Fall sehr schön mikropegmatitisch von Quarz durchwachsen.

Unter den Feldspaten sind Orthoklas, Plagioklas und Gittermikroklin bestimmbar. Der Quarz zeigt undulöse Auslöschung. Das Gestein ist ziemlich frisch.

Nahe dem eben beschriebenen Granit steht ein fleischroter **Gneiss** (No. 186) von stängeliger Struktur an. Schichten von fleischrotem Feldspat und Quarz, welche frei sind von dunklen Gemengteilen, wechseln ab mit solchen, in denen letztere reichlich vorkommen. Mikroskopisch ist typische Gneissstruktur erkennbar; Orthoklas, Plagioklas und Mikroklin sind vorhanden, Quarz etwas zurücktretend.

Als einziger bisilikatischer Gemengteil tritt Hornblende auf; sehr reichlich ist Titanit vorhanden; auch Apatit und Erze spielen eine ziemlich bedeutende Rolle.

Ein dunkelgrauer **Gneiss** (No. 187) aus abwechselnden Schichten und Bändern von bisilikatfreien und bisilikatreichen Partieen entstammt dem Aufstieg zum Pass Karagaitý (*Friederichsen* pag. 121). Dem eben beschriebenen Gneiss in der Zusammensetzung nicht unähnlich, unterscheidet er sich durch das, wenn auch spärliche Hinzutreten von Biotit und das Zurücktreten von Titanit und Erz, bis zu fast vollständigem Fehlen des letzteren.

Makroskopisch einer **Grauwacke** (No. 188) gleicht ein feinkörniges, graugrünliches Gestein vom Karagaitý-Tal (*Friederichsen* pag. 122).

Unter dem Mikroskop erweist sich das Gestein als klastisches Aggregat der Granitkomponenten. Rundliche und eckige Bruchstücke von Quarz, beiden Feldspaten, etwas Biotit, Muskovitblättchen werden durch einen unbestimmbaren Cement zusammengehalten.

Ein **Kalksandstein** (No. 194, *Friederichsen* pag. 125) von der Mündung des Min-tör in den Sary-dschas, der makroskopisch feinkörnig, grauschwarz erscheint, erweist sich im Schliff als eigenartig.

Vorherrschend sind rundliche und unregelmässig gestaltete Quarzkörner, die von Schnüren schwarzer Pünktchen durchzogen sind. Man hat den Eindruck, dass granitische Quarze vorliegen, deren Flüssigkeitseinschlüsse sich mit einem Eisenoxyd erfüllt haben.

Die Quarze zeigen undulöse Auslöschung, vielfach auch eine sehr feine Lamellierung.

Als Bindemittel ist Calcit vorhanden, der vielfach in vorzüglich begrenzten Krystallen von oft ansehnlichen Dimensionen auftritt. Zum Teil sind diese Krystalle verzwillingt.

Romanowskij beschreibt einen gleichen Sandstein vom Fluss Tugussa, östlich Tschimkent im nordwestlichen Turkestan.

An der Mündung des Min-tör in den Sary-dschas steht ferner ein feinkörniges, graues, intensiv transversal geschiefertes, makroskopisch gneissartig aussehendes Gestein (No. 195) an (*Friederichsen* pag. 125).

Im Schliff erkennt man, dass es sich um ein klastisches Gestein handelt, das wahrscheinlich den **Porphyroidtuffen** (?) zuzurechnen ist. Quarz- und Feldspatbruchstücke von unregelmässigen Umgrenzungen werden von einem grünlichen, chloritisch gefärbten Bindemittel umhüllt, das sich stellenweise in Flasern um die grösseren Fragmente herumwindet. Die weitgehende Zersetzung hindert genauere Bestimmung.

Ein grauer, grobkörniger **Granit** (No. 198) (*Friederichsen* S. 125) von schwach gneissartigem Habitus steht am rechten Ufer des Sarydschas an, oberhalb der Adyr-tör-Einmündung. (Die Karte von *Friederichsen* giebt noch ausserdem Tonschiefer an). Das Gestein enthält Amphibol als herrschendes Bisilikat. Mikroskopisch bietet das stark zersetzte Gestein nichts Bemerkenswertes.

Ein **Kalkschiefer** (No. 205, *Friederichsen* pag. 128), deutlich geschichtet, schwarzgrau mit weissen Flecken, entstammt dem Kakpak-Pass. Unter dem Mikroskop erkennt man neben vorherrschendem Kalk, der zum Teil krystallin geworden ist, reichlich grössere Quarz- und Feldspatkörner. Die Calcitlamellen erscheinen in der Umgebung der Quarzkörner gestaucht und legen also Zeugnis ab von Druckwirkungen.

Ein **gequetschter Granit** (No. 213, *Friederichsen* pag. 131), zwischen Sary-dschas und Aschu-tör ist dunkelgrün, sehr feinkörnig. Die Gemengteile sind Quarz, Orthoklas, Plagioklas und dunkler Glimmer. Alle zeigen Spuren ausserordentlich intensiver Druckwirkungen. Die Quarze erscheinen in ganz unregelmässig begrenzte Bruchstücke zerlegt; die Bruchstücke scheinen dann durch angewachsene Quarzsubstanz miteinander verzahnt, sodass die Begrenzungen Bilder zeigen, die an die Loben der Ammoniten erinnern. Die Lamellen der asymmetrischen Feldspate erscheinen gebogen und verworfen; die Biotite sind intensiv zerflasert und zerrissen, die Fetzen winden sich zwischen den andern Gemengteilen hindurch. Die Bruchstücke aller Gemengteile sind in den verschiedensten Grössen vorhanden; zwischen den gröberen Stücken zieht sich als Kitt ein Aggregat von kleinsten Quarz- und Feldspatbruchstücken hindurch.

Ein Gestein vom rechten Sary-dschas-Ufer, am Beginn des Kaschka-tör-Tales, lässt makroskopisch vorherrschend ausgewalzte fettglänzende, graugrüne Schuppen und Fasern, daneben weisse Kalkspatbänder und -Flecken erkennen. Auch mikroskopisch lässt sich das Gestein nicht näher definieren; vorherrschend sind grüne chloritische Zersetzungsprodukte neben Quarz und Feldspatkörnern, sowie Erzpünktchen.

Dem Anschein nach liegt eine Art **Amphibolit** (?), der sowohl durch Gebirgsdruck als auch Verwitterung stark verändert wurde, vor.

Gneissgranit (No. 220) vom Beian-kol-Tal (*Friederichsen* pag. 141). Das mittelkörnige, graue Gestein zeigt eine sehr ungleiche

Zusammensetzung. Es ist stellenweise dunkel, normal granitisch; durch kleinere Dimensionen der Bisilikate erscheint es stellenweise hellgrau, durch fast vollständiges Fehlen derselben weisslich. Die verschieden gefärbten Partieen sind ohne scharfe Grenzen nebeneinander entwickelt. Mikroskopisch erweist es sich als normaler epidotreicher, stark gepresster Biotitgranit.

Ein porphyrartiger, rapakiwiähnlich erscheinender **Titanitgranit** (No. 221) (*Friederichsen* pag. 142) kommt als Geröll im Flussbett des Ala-aigir vor. Grosse wohlbegrenzte Krystalle und Karlsbader Zwillinge bis 2 cm lang und 1 cm breit von hellfleischrotem Feldspat liegen in einer mittelkörnigen Grundmasse von Quarz, Feldspat und grünem Glimmer, aus der hin und wieder Titanite von hellbrauner Farbe hervorglänzen, die meist klein, doch vereinzelt bis $^1/_2$ cm lang werden (vergl. Taf. 52, Fig. 1).

Unter dem Mikroskop fällt vor allem der abnorme Reichtum an Titanit auf, der in den bekannten spitzrhombischen Durchschnitten, namentlich mit Biotit gesellt, erscheint. Es kommen Stellen vor, an denen fast das ganze Gesichtsfeld mit Titaniten erfüllt ist. Dies Mineral tritt fast ausnahmlos in wohlausgebildeten Krystallen, die vereinzelt polysynthetisch verzwillingt sind, auf.

Die übrigen Gemengteile sind die gewöhnlichen. Der schlecht begrenzte, schmutzig grüne, zum Teil schon zersetzte Biotit erscheint in grossen Blättern, die vielfach reichlich mit Apatit gespickt erscheinen. Hornblende fehlt, Erze, zum Teil gut begrenzt, sind selten, Zirkon ebenfalls. An Feldspaten tritt Orthoklas, perthitisch durchwachsen, herrschend, Mikroklin reichlich und zuletzt Plagioklas auf.

Namentlich die Orthoklase sind stark zersetzt unter Muskovit- und Epidotbildung. Die Quarze, zum Teil stark zertrümmert, löschen undulös aus, geknickte und gebogene Plagioklaslamellen, zahlreiche gefältelte Glimmerblätter verraten die Intensität der Druckwirkungen.

Da der Titanit in einer so ungewöhnlichen Menge auftritt, dass er geradezu als charakteristischer Gemengteil anzusehen ist, verdient der Granit seine besondere Bezeichnung als Titanitgranit. Der Granit hat sein Anstehendes zweifellos im Khan-Tengri-Massiv.

Ein anderes Geröll von **Biotitgranit** desselben Flusses (No. 222) ist mehr normal ausgebildet, die Feldspate heben sich nicht so scharf heraus und sind kleiner. Viele Feldspate sind leistenförmig, Karlsbader Zwillinge. Unter dem Mikroskop erscheinen als Feldspate vorherrschend Orthoklas mit spärlichen perthitischen Adern, weniger Plagioklas, ersterer sehr frisch, letzterer zersetzt. An Bisilikaten ist nur Biotit vorhanden. Mikroklin tritt sehr zurück. Die Quarze löschen sehr stark undulös aus. — Der Granit ist von dem vorigen ganz verschieden.

Dioritgneiss (No. 223) (*Friederichsen* pag. 142) kommt in demselben Fluss als Geröll vor. Grosse Hornblendeleisten und -krystalle liegen regellos in einer fast rein weissen zuckerkörnigen Masse von Feldspat und Quarz. Schichtung ist schwach angedeutet.

Unter dem Mikroskop erkennt man seegrüne Hornblende, nie scharf begrenzt, sondern zackig und lappig, braunen Biotit, Zirkon und Quarz umschliessend. Apatit ist gross und reichlich vorhanden. Erze gross und spärlich. Dazwischen liegen Quarz, Orthoklas und Plagioklas in dem typischen allotriomorphen Gemenge der Gneisse, die Plagioklase sehr reichlich, die Quarze spärlich. Druckerscheinungen fehlen.

Aus dem Beian-kol-Tal (*Friederichsen* pag. 143) unterhalb der Einmündung des Ala-aigir liegt ein hellgrauer, feinkörniger **Biotitgranit** (No. 224) vor. Er ist, wie das Mikroskop zeigt, sehr arm an Bisilikat, zeigt im übrigen normale Zusammensetzung. Die Kataklase ist sehr intensiv; er zeigt stark ausgebildete Mörtelstruktur, indem zwischen grösseren Bruchstücken von Quarz und Feldspat ein feines Zerreibsel derselben Gemengteile als verkittende Zwischenmasse liegt.

Ein weiter unterhalb anstehender, fleischroter, feinkörniger **Biotitgranit** (No. 225) ist ebenfalls sehr arm an dunklen Gemengteilen. Er stimmt mit dem vorigen überein, die Biotite sind farblos gebleicht. Die Zertrümmerung ist viel schwächer als bei No. 224.

Ein mittelkörniger grauer **Biotitmuskovitgranit** (No. 226) entstammt demselben Tal, vor der Brücke. (*Friederichsen* pag. 143). Die mikroskopische Zusammensetzung ist die normale. Quarz ist nicht reichlich vorhanden, ab und zu mikropegmatitisch mit Feldspat verwachsen. Stellenweise finden sich ausgedehnte mikropegmatitische Verwachsungen von Muskovit mit Feldspat. Orthoklas, Mikroklin und Plagioklas sind bestimmbar.

d. Von Naryn-kol durch das Ili-Becken nach Dscharként.

Quarzglimmerdioritporphyrit (No. 228) wurde in dem Kara-tau-Gebirge zwischen dem Tekes und Kegental gesammelt. (*Friederichsen* pag. 145).

Das dunkelgraue, sehr feinkörnige, fast dichte, porphyrische Gestein, aus dem hin und wieder Feldspate und Bisilikate hervortreten, verrät seine Zusammensetzung erst im Schliff.

Das Gestein erhält seinen porphyrischen Charakter durch grosse, gut begrenzte Plagioklaseinsprenglinge. An Bisilikaten erscheint schlecht begrenzte Hornblende, welcher oft unregelmässig begrenzte, sehr fein gestreifte, sehr schief auslöschende Pyroxene eingewachsen sind. Die Pyroxene zeigen einen schwachen, aber immerhin deutlichen Pleochroismus zwischen grau und gelblichgrau. Schliesslich sind noch wohlbegrenzte Biotite mit pleochroitischen Höfen zu erwähnen, die in grosser Zahl als Einsprenglinge erscheinen. Apatit und Erze sind in wohlbegrenzten Krystallen vorhanden. Die Grundmasse besteht aus Quarz, Orthoklas und Plagioklas. Bemerkenswert ist, dass vielfach einheitlich auslöschende Quarzfelder auftreten, die von verschieden orientierten Feldspaten durchspickt erscheinen.

Der gesamte Habitus erinnert sehr an das bekannte Gestein vom Venjansee in Dalarne.

Ein **Augitporphyrit** (?) (No. 232) von der Temurlik-Schlucht (*Friederichsen* pag. 148) erscheint dem unbewaffneten Auge dicht, grauschwarz.

Das Gestein ist sehr zersetzt. Eine Grundmasse, in welcher einsprenglingsartige Anhäufungen von Chlorit und Epidot liegen, besteht aus Feldspatleisten, Chloritschüppchen und Eisenoxyden. Die Bestimmung wird durch die starke Zersetzung sehr erschwert.

Ein mittelkörniger, grauer **Diabas** (No. 233) setzt als Gang in den Tonschiefern des Temurlik-Tals auf (*Friederichsen* pag. 148). Unter dem Mikroskop erscheint der Diabas schwach porphyrisch durch einzelne hervortretende Feldspate. Das Gestein ist sehr stark zersetzt, reich an Chlorit und Epidot.

II. Gesteine des Dsungarischen Ala-tau.

I. Von Dscharként nach Kopál.

a. Am Südabhang des Dsungarischen Ala-tau.

Quarzporphyrtuff (No. 239, *Friederichsen* pag. 169) liegt in einem Handstücke vom Oi-dscheilaú-Tal, nahe der Einmündung in den Chorgós vor.

Das Stück zeigt in einer grauen, dichten, tonsteinartigen Grundmasse zahlreiche Bruchstücke von Quarz, Feldspat, granitischem Gestein und unbestimmte dunkle Flecken.

Unter dem Mikroskop treten einsprenglingsartig Bruchstücke von Quarz und Feldspat hervor, die fast ausschliesslich bogig begrenzt sind und daher auf die Tuffnatur des Gesteins hinweisen. Orthoklas herrscht vor, doch ist auch Plagioklas reichlich vorhanden. Die Feldspate sind braun bestäubt. Dunkelbraune Flecken von Eisenoxyden, denen sich Epidotkörnchen zugesellen, deuten das einstige Vorhandensein von Bisilikaten an, die jedenfalls aber nur spärlich anwesend waren. Die Grundmasse, welche ebenso wie die Einsprenglinge stark zersetzt erscheint, ist adiagnostisch feinkrystallin; sie enthält teilweise Einlagerungen, in denen sich reichlich leistenförmige Feldspate erkennen lassen.

Zu erwähnen ist noch, dass ein scharfer Gegensatz zwischen den Einsprenglingen und der Grundmasse nicht besteht. Das Gestein scheint ein stark veränderter silifizierter Tuff zu sein.

Das andere Handstück von demselben Fundorte (No. 238), dem die granitischen Bruchstücke fehlen, ist heller, unregelmässig fleckig, ein echter **Quarzporphyr.**

Mikroskopisch erscheinen Einsprenglinge von Quarz, Orthoklas und Plagioklas, unregelmässig begrenzt. Biotit ist spärlich vorhanden; Erzanhäufungen deuten auf resorbierte Hornblende.

Die Feldspate der Grundmasse sind nesterweise deutlich leistenförmig; meistens ist die Grundmasse mikro- bis kryptokrystallin; Fluidalstruktur fehlt.

Hellgrauer **Amphibolbiotitgranit** (No. 243) mittelkörnig, entstammt dem Kleinen Oi-dscheilaú-Tal. (*Friederichsen* pag. 170). Makroskopisch bietet das Gestein, das die normale Zusammensetzung aufweist, nichts Bemerkenswertes.

Im Schliff zeigt sich die gewöhnliche Mineralkombination.

Auch dieses Gestein ist deutlich durch Druck beeinflusst.

Zerquetschter Granit (No. 244) desselben Fundorts ist grau, feinkörnig. Bisilikate sind mit blossem Auge nicht wahrnehmbar. Er gleicht oberflächlich betrachtet einem grauen streifigen Marmor.

Erst unter dem Mikroskop ist das Gestein näher bestimmbar. Grosse unregelmässig begrenzte Quarze und Feldspate, Orthoklas und Plagioklas liegen einsprenglingsartig in einer aus denselben Materialien zusammengesetzten Grundmasse. Augenscheinlich liegt das Produkt eines starken Quetschungen ausgesetzten Granits vor. Die randlichen Partieen der grösseren Krystalle erscheinen gegeneinander zerrieben; die Plagioklaslamellen sind vielfach gebogen; die Quarze und Orthoklase zeigen undulöse Auslöschung.

Epidot durchzieht das Gestein in breiten Schnüren.

Ein **weisser Granit** liegt aus dem Chorgós-Tal (No. 248, *Friederichsen* pag. 171) vor. Neben dem Quarz und Feldspat treten relativ spärlich Glimmerblätter auf, die in so geringer Zahl vorhanden sind, dass sie die weisse Farbe kaum beeinflussen. Das Gestein ist mittelkörnig. Unter dem Mikroskop erkennt man, dass grüner Biotit das einzige Bisilikat ist. Flussspat tritt als letztes Ausscheidungsprodukt in ungewöhnlich grosser Menge auf, und zwar in ziemlich grossen, unregelmässig gestalteten, vielfach zackigen und buchtigen Umrissen.

Das Gestein erscheint tadellos frisch. Die starken Druckerscheinungen zeigen sich in der undulösen Auslöschung der Quarze und Orthoklase, sowie in der Häufigkeit der gebogenen und verworfenen Lamellen bei den reichlich vorhandenen Plagioklasen. Mikroklin tritt zurück.

Aus demselben Flusstal liegen **graue Biotitgranite** vor. Der eine ist mittelkörnig (No. 247), dem weissen Granit ähnlich, doch reicher an Bisilikat und daher dunkler gefärbt. Der Glimmer und der Feldspat sind stark zersetzt, Epidot ist reichlich vorhanden. Flussspat fehlt vollständig. Kataklase ist deutlich entwickelt, doch nicht entfernt so stark wie in dem hellen Granit No. 248.

Ein grobkörniger Granit dieses Flusstals von grauer Farbe (No. 246) lässt makroskopisch nur Quarz und ziemlich grosse graue Feldspate erkennen. Unter dem Mikroskop erscheint die Zusammensetzung eines **Amphibolbiotitgranits** mit spärlicher Hornblende und Biotit. Epidot ist reichlich vorhanden. Auffallend sind lange Schnüre und gestreckte Haufen von scharf begrenzten Magnetitkrystallen, welche sehr ungleich verteilt in rohem Parallelismus das Gestein durchziehen. Es scheint eine Neubildung vorzuliegen, da in den magnetitreicheren Teilen die Bisilikate fehlen.

Vom Aktastý-bulák (*Friederichsen* pag. 175) stammt ein grobkörniger **Amphibolbiotitgranit** (No. 251). Milchweisser Quarz, weisser und fleischfarbener Feldspat bilden neben Glimmer und Hornblende die mit blossem Auge erkennbaren Gemengteile.

Neben dem vorherrschenden Biotit und den spärlichen grossen Hornblendekrystallen enthalten die asymmetrischen Feldspate zahlreiche kleine Hornblendenadeln eingeschlossen. Der Quarz und der perthitische Orthoklas sind vollkommen frei von diesen Einschlüssen. Kataklase verrät sich in dem Vorkommen gestauchten Glimmers, gebogener Plagioklaslamellen und dem Zerfallen der Quarze in optisch verschieden orientierte Felder. Besonders auffallend erscheint in diesem Gestein, dass die Grenzen verschiedener optischer Orientierung niemals mit den zahlreich vorhandenen Sprüngen im Quarz zusammenfallen.

Feinkörniger, fleischroter **Amphibolgranit** (No. 252) wurde am Asu-airýk angetroffen (*Friederichsen* pag. 175). Im Schliff, der reichlich Mikropegmatit enthält, ist das Gestein nicht von gewissen Varietäten des Ålandgranits zu unterscheiden.

Schwarzer **Quarzporphyr** (No. 253) mit intensiver Fluidalstruktur liegt vom Pass Ui-tas (*Friederichsen* pag. 176) vor. In der dichten Grundmasse liegen zahlreiche kleine Einsprenglinge von Quarz und Feldspat, die sich in ihren Längsaxen der Flussrichtung, die auch durch hellfarbige Bänder von Quarz angezeigt ist, parallel stellen.

Als Einsprenglinge erscheinen unter dem Mikroskop Quarz, Orthoklas und Plagioklas. Die Grundmasse ist verschieden ausgebildet. Stellenweise ist sie kryptokrystallin, so dass nichts bestimmtes erkennbar ist, stellenweise wird sie deutlich krystallin, namentlich erscheinen Flecken von Quarz, die im polarisierten Licht in verschieden orientierte Quarzkörnchen zerfallen.

Fluidalstruktur ist intensiv entwickelt, namentlich durch die in Fäden und Bändern sich um die Gemengteile herumziehenden Erzpartikelchen. Unbestimmt begrenzte Flecken von Eisenoxyden scheinen das einstige Vorhandensein von Bisilikaten anzudeuten.

Schnüre von anscheinend sekundärem Quarz durchsetzen den Schliff.

Ein anderes Handstück des **Quarzporphyrs** (No. 254) von demselben Fundorte zeigt das typische Bild eines felsitischen schwarzen Quarzporphyrs ohne Fluidalstruktur.

Als **Aplit** ist ein graues, feinkörniges bis dichtes, zuckerkörniges Gestein vom Abstieg des Ui-tas-Passes zu bezeichnen (No. 255, *Friederichsen* pag. 177).

Unter dem Mikroskop erweist sich das Gestein als fast ganz aus Orthoklas bestehend. Einzelne Krystalle treten durch ihre Grösse etwas hervor, einen schwach porphyrischen Habitus andeutend. Die Krystalle sind meistens vorzüglich idiomorph ausgebildet und treten mit rhombenförmigen Durchschnitten auf. Ferner tritt reichlich ein Mikropegmatit auf, der in rundlichen Augen, umgeben von einem Rand schlecht individualisierter Feldspatsubstanz, erscheint. Dieser Feldspatrand ist oft noch von einem unregelmässigen Kranz von Glimmerblättchen umgeben, um welche sich wieder rundliche Feldspatkörner als Kranz herumlegen. Die zentrische Struktur äussert sich auch in einer ringförmigen Anordnung von Erzstäubchen (vergl. Tafel 52, Fig. 2).

Quarz tritt ausser in Mikropegmatit als Füllungsmasse zwischen den Orthoklaskrystallen der Hauptgesteinsmasse auf.

Heller gelblicher Glimmer ist spärlich vorhanden; Erze, nach den Umrissen zu urteilen, namentlich Magnetit, treten in scharf begrenzten Krystallen gleichmässig verteilt auf, verursachen aber auch eine feine, dunkle Bestäubung der Feldspate. Apatit findet sich nur spärlich in kleinen Krystallen.

Hornblendegranitporphyr (No. 256) aus dem Kaska-bulák-Tal (*Friederichsen* pag. 178). Die Grundmasse des grauen porphyrischen Gesteins ist nicht dicht, sondern sehr feinkörnig. Es heben sich gutbegrenzte Feldspatkrystalle und vor allem zahllose feine Hornblendenadeln deutlich von derselben ab. Unter dem Mikroskop erweist sich das Gestein als sehr frisch. Die Einsprenglinge von Orthoklas und Plagioklas sind scharf begrenzt, erstere oft als Karlsbader Zwillinge und mit ausgezeichneter Zonarstruktur entwickelt.

Hornblende findet sich in Gestalt von schlecht begrenzten Einsprenglingen, Zwillinge sind häufig. Die grösseren Krystalle sind durchspickt von abweichend orientierten Hornblendenadeln und -körnern, die sich auch als Einschlüsse im Feldspat und Quarz finden.

Den Einsprenglingen gegenüber tritt eine Grundmasse aus vorherrschendem Quarz und Feldspat, die oft granophyrisch verwachsen sind; daneben enthält sie Biotitblätter und Hornblendenadeln. Titanit und Erze sind relativ spärlich.

Vom Kaska-bulák-Tal ist ferner ein **hälleflintartiger Quarzporphyr** (No. 257) vorhanden. Die graue, flintsteinartig splittrige Grundmasse enthält an makroskopisch bestimmbaren Gemengteilen nicht sehr reichlich vorhandene Feldspate.

Er ist seinem Habitus nach nicht von manchen archäischen Quarzporphyren Smålands, als welche *O. Nordenskjöld* einige der früher als Hälleflinta bezeichneten Gesteine bestimmt hat, zu unterscheiden.

Der **Amphibolbiotitgranit** (No. 258) des Kabýl-Tales (*Friederichsen* pag. 179) ist mittelkörnig. Quarz, Feldspat und Hornblende nehmen vorzugsweise an der Zusammensetzung teil. Biotit ist in grossen Blättern vorhanden. Der Feldspat erscheint zum Teil lang leistenförmig.

Im Schliff erscheint das Gestein ausserordentlich frisch, mit nur ganz schwachen Druckerscheinungen. Die Zusammensetzung ist die normale. Gemeine Hornblende herrscht unter den Bisilikaten, der braune Biotit umschliesst in grossen Mengen Zirkon. Die drei bekannten Feldspate erscheinen in gewöhnlicher Ausbildung. Vereinzelt erscheinen rundliche Einschlüsse eines stark lichtbrechenden, gelbbraunen, schwach pleochroitischen Minerals, das anscheinend aus Diallag besteht.

Uralitdiabas (?) (No. 259) vom Mundschilký-Tal (*Friederichsen* pag. 179). Das grünlichgraue, sehr feinkörnige, massige Gestein lässt makroskopisch keine Gemengteile erkennen.

Unter dem Mikroskop ist ein Filz von faserigen Hornblendekrystallen, neben und zwischen denen Feldspat durchschimmert, der Hauptgemengteil. Stengel und Körner von Erz erscheinen gelblichgrün getrübt und umrandet; sie bestehen anscheinend aus Titaneisen, das in der Umwandlung in Titanit begriffen ist.

Ein anderes Gestein aus dem Mundschilký-Tal, graugrünlich, splittrig, dicht, mit einzelnen glasglänzenden Feldspateinsprenglingen, zeigt das typische Aussehen einer **Hälleflinta** (No. 260).

Unter dem Mikroskop erscheinen einzelne Einsprenglinge von moiriertem Feldspat, zum Teil bruchstückartig, zum Teil ziemlich gut begrenzt, von einer sehr feinkrystallinen, meist unauflösbaren Grundmasse eingeschlossen. Diese Grundmasse ist der Hauptsache nach im gewöhnlichen Licht farblos, bis auf zahllose, doch nicht färbend wirkende grünliche Körnchen und Schuppen eines Amphibols. Die Grundmasse erscheint im polarisierten Lichte stark fleckig, indem neben unauflösbaren Partieen solche vorkommen, in denen sich die Bestandteile unterscheiden lassen und namentlich Feldspat, auch Quarz, deutlich hervortritt. Genaueres ist über das Gestein nicht auszumachen, vorläufig muss es mit dem „Sacknamen" Hälleflinta bezeichnet werden.

Den splittrigen Habitus der Hälleflinten zeigt auch ein **Granitporphyr** (No. 261) vom Abstieg vom Pass Mundschilký zum Dschil-airýk-Tal (*Friederichsen* pag. 180). In der grauen Grundmasse liegen neben zahlreichen weissen, zum Teil glasglänzenden Feldspaten unregelmässige, dunkelgraugrüne Flecken.

Im Schliff treten zahlreiche, wohl begrenzte Einsprenglinge von moiriertem Orthoklas und Plagioklas in einer vorherrschend aus Feldspat bestehenden Grundmasse auf. Hornblende in grösseren Krystallen und Körnern ist selten, häufig dagegen in kleinen Nadeln, Schuppen und Blättern, die sich gelegentlich zu grösseren Flecken gruppieren. Wenn noch der als Zwischenklemmungsmasse auftretende Quarz, Erze, Zirkon und Apatit, sowie der ab und zu vorhandene Epidot genannt sind, ist die Zahl der Gemengteile erschöpft.

Die Grundmasse ist schon bei mässigen Vergrösserungen vollständig auflösbar, die Feldspate derselben nehmen vielfach scharfe Leistenform an. Hin und wieder sind Ansätze zu granophyrischen Bildungen erkennbar.

Grauer, mittelkörniger, durch Hornblenden schwarzfleckiger **Amphibolbiotitgranit** (No. 262) liegt aus dem Quellgebiet des Ui-tas (*Friederichsen* pag. 186) vor.

Unter den spärlichen Bisilikaten herrscht Hornblende, in der Regel grosse Quarzkörner umschliessend, stark vor dem nur in kleineren Blättern vorkommenden Biotit vor.

Quarz, perthitischer Orthoklas, Plagioklas und Mikroklin sind in ziemlich gleichen Mengen vorhanden; Druckerscheinungen sind in dem übrigens frischen Gestein nicht erkennbar.

b. Westausläufer des Dsungarischen Ala-tau.

Ein gelblichgrauer, hälleflintähnlicher **Quarzporphyr** (No. 264) steht im Tal des grossen Koksu an.

Die splittrige, dichte Grundmasse enthält neben ganz kleinen Quarzeinsprenglingen seltenere grössere Feldspate.

Unter dem Mikroskop erweisen sich die Orthoklaseinsprenglinge als gut begrenzt, die Quarze oft bogig begrenzt, auch mit Einbuchtungen der Grundmasse versehen. Auch grössere, aus zahlreichen kleineren Körnern zusammengesetzte Quarzflecken finden sich. Die Grundmasse ist vollkommen unauflösbar.

Ein typischer, rotbrauner **Quarzporphyr** (No. 266) mit zahlreichen Einsprenglingen von Quarz und rotbraunen Feldspaten in dichter Grundmasse ist vom linken Ufer des grossen Koksu (*Friederichsen* pag. 187) vorhanden.

Unter den Einsprenglingen sind die vorherrschenden Quarze meist gut krystallographisch begrenzt, abgesehen von den häufigen Einbuchtungen der Grundmasse, während die Feldspate weniger scharfe Grenzen aufzuweisen pflegen.

Bisilikate fehlen. Die echt mikrogranitische, sehr feinkörnige Grundmasse zeigt durch reihenförmige Anordnung der zahllosen Erzpünktchen an vielen Stellen deutliche Fluidalstrukur.

Hellrotbrauner **Quarzporphyr** (No. 267), dessen Grundmasse teils dicht, teils sehr feinkörnig ist, steht in demselben Tal an. Die Einsprenglinge, Quarz und Feldspat, kommen an Menge der Grundmasse ungefähr gleich.

Unter dem Mikroskop erkennt man, dass die Quarze und Feldspate meist grössere Fragmente darstellen; krystallographische Begrenzungen kommen selten und nur bei den Feldspaten vor. Einbuchtungen der Grundmasse finden sich bei den Quarzen, wie in allen typischen Quarzporphyren. Der an sich fast farblose Glimmer erscheint durch zahlreiche, parallel der Spaltungsrichtung angehäufte punktförmige Pigmente violett. Die Ränder der Glimmerblätter sind pigmentfrei und daher hell.

Die kryptokrystalline Grundmasse zeigt intensive Fluidalstruktur, die Glimmerblätter erscheinen oft nach der Flussrichtung gebogen. Druckphänomene sind schwach angedeutet.

Ein sehr hellfarbiger, grobkörniger, vorherrschend aus Quarz und Feldspat bestehender **Amphibolbiotitgranit** (No. 268, 269) findet sich am Aufstieg zum Pass Aïr-kesén (*Friederichsen* pag. 188).

Druckerscheinungen sind stark ausgeprägt. Bisilikate sind sehr spärlich, Hornblende und Biotit in ziemlich gleichen Mengen ausgebildet. Unter den Feldspaten herrschen Mikroklin und Plagioklas, Orthoklas tritt zurück.

Der **Granit** des Oi-sas-Tales (No. 271—273, *Friederichsen* pag. 190) ist durch mehrere Stücke vertreten, welche zeigen, dass dort neben grobkörnigen Varietäten mittel- und feinkörnige vorkommen.

Nach der Untersuchung mit blossem Auge ist er schon als Amphibol-Biotitgranit bestimmbar. Die grobkörnige Form neigt durch grosse Entwicklung der Feldspate zu porphyrartigem Habitus.

In No. 271 treffen wir wieder die bei den meisten Graniten dieses Gebiets gewöhnliche Zusammensetzung. Herrschend Biotit, daneben Hornblende, ferner Quarz, perthitischer Orthoklas, Mikroklin, Plagioklas. In dem feinkörnigen Stück No. 272 ist Hornblende vor Glimmer vorherrschend, zugleich stellen sich Titanit, Zirkon und Apatit reichlich ein. Mikroklin fehlt, Orthoklas ist frei von perthitischen Durchwachsungen. In No. 273, welches Stück im übrigen mehr 271 gleicht, herrscht Hornblende stark vor.

Aus dem oberen Kora-Tal entstammt ein stark zersetzter **Diabas** (*Friederichsen* pag. 195), dessen Natur mehr zu erschliessen, als zu erkennen ist. Zahlreiche Einsprenglinge von Titaneisen sind gitterartig durch Leukoxen ersetzt, grosse Einsprenglinge von Uralit sind erkennbar, ziemlich zahlreiche und relativ grosse Apatite sind allein der allgemeinen Umwandlung entgangen. Die Plagioklaseinsprenglinge sind stark getrübt aber noch erkennbar. Als Grundmasse erscheinen ziemlich grosse trübe Leisten von Feldspat, untermischt von Epidot, Uralitblättern, chloritischen Zersetzungsprodukten und vereinzelten granophyrischen Partieen.

Ein **Quarzdioritporphyrit** (*Friederichsen* pag. 195) aus dem Kora-Tal, nahe der Quelle zeigt zahlreiche weisse, gut begrenzte Feldspateinsprenglinge in einer grünlichgrauen feinkörnigen Grundmasse, aus der sich auch kleine Hornblendekrystalle einsprengslingsartig abheben.

Als Einsprenglinge erscheinen unter dem Mikroskop wohlbegrenzte Feldspate mit zonarer Struktur, und zwar Orthoklase (Karlsbader Zwillinge) und Plagioklase, ferner braune Hornblende in Zwillingen und Biotit. Letzterer Gemengteil allein ist schlecht begrenzt. Als Grundmasse erscheint ein Gemenge von Feldspat- und Quarzkörnern, kleinen Hornblende- und Glimmerblättchen. Apatit ist vorhanden, Erze sind spärlich. Der Reichtum an Orthoklas, die nicht geringen Mengen von Quarz deuten an, dass das Gestein recht sauer sein muss und möglicherweise den Namen eines Amphibolgranitporphyr verdient.

2. Von Kopál nach Lepsinsk.

Am Nordabhang des Dsungarischen Ala-tau.

Verschiedene **Granite**, die sich nach Korn und Farbe unterscheiden, stehen am rechten Ufer des Aksu an. (*Friederichsen* pag. 200).

Den Granitporphyren nähert sich ein fleischroter, mittelkörniger Amphibolbiotitgranit (No. 282), dessen Quarze Tendenz zum Idiomorphismus zeigen. Braun bestäubter Feldspat ist das häufigste Mineral und Mikropegmatit kommt vielfach vor. Hornblende und Biotit sind untergeordnet. Man glaubt einen Ålandsgranitporphyr zu sehen.

No. 283 ist ein grobkörniger frischer, echter Granit mit grossen Körnern von Hornblende und Biotit, zahlreichen Erzkörnern, Zirkonen und Apatit. Dazu kommen Orthoklas (vollkommen unbestäubt), Plagioklas und Quarz.

No. 286 ist feinkörnig, hellgrau, ebenfalls als Amphibolbiotitgranit zu bezeichnen. Biotit herrscht vor Hornblende vor, im allgemeinen sind aber die Bisilikate spärlich entwickelt. Relativ oft kommt Titanit vor.

Hell fleischrot ist ein mittelkörniger **Amphibolbiotitgranit** (No. 285) vom linken Aksu-Ufer nahe dem Kitschkéne-bulák. (*Friederichsen* pag. 200).

Schon mit blossem Auge sind alle wesentlichen Gemengteile unterscheidbar, namentlich die Feldspate treten scharf hervor.

Unter dem Mikroskop erweisen sich die Hornblenden als ziemlich gut krystallographisch begrenzt, die Orthoklase sind schwach bestäubt. Im übrigen gleicht das Gestein der No. 283 vom rechten Aksu-Ufer.

Von der Granithochfläche Kok-dschatá (*Friederichsen* pag. 206) auf dem Wege zum Dschassyl-kul haben wir einen sehr grobkörnigen fleischroten **Biotitgranit** (No. 292), einen feinkörnigen hell fleischroten **Muskovitgranit** (No. 293) und einen grauen, sehr grobkörnigen **Biotitgranit** (No. 294), dessen Feldspate sich durch ihre verschiedene Färbung (grau, fettglänzend und weiss, matt) scharf von einander abheben.

Die grobkörnigen Granite sind bröckelig zersetzt.

No. 292 enthält an dunklen Gemengteilen nur ganz spärlich zersetzten Biotit, Apatit und Erze fehlen fast ganz.

Orthoklas fehlt; stark vorherrschend ist unter den Feldspaten Mikroklin, perthitisch mit fein gestreiftem Plagioklas durchwachsen. Druckerscheinungen sind stark ausgeprägt. Muskovit kommt in einzelnen Blättern vor. Quarz ist gegenüber Feldspat stark zurücktretend.

In No. 293 kommt farbloser Augit vor, der mässig begrenzt, rings von Muskovit umwachsen ist, und zwar so, dass die Spaltrichtung der Muskovitblätter den Prismenflächen parallel liegt. Muskovitblätter kommen auch selbständig vor. Hornblende fehlt ganz, Biotit, stark zersetzt, findet sich vereinzelt. Quarz und Mikroklin, denen sich Plagioklas gesellt, herrschen stark vor Orthoklas vor. Druckerscheinungen sind sehr stark ausgebildet.

No. 294 ist ein reiner Biotitgranit, dessen grosse Biotitblätter, sehr frisch und unzersetzt, Zirkoneinschlüsse mit pleochroitischen Höfen beherbergen. Hornblende und Augit fehlen, Muskovit ist spärlich vorhanden, Quarz tritt zurück. An Feldspaten finden sich nur Orthoklas und Plagioklas, kein Mikroklin.

Druckerscheinungen sind schwach ausgeprägt.

III. Übersicht über die krystallinen Gesteine des Zentralen Tiën-schan und Dsungarischen Ala-tau in systematischer Ordnung.

In petrographischer Hinsicht stimmen die beiden Gebiete so nahe überein, dass sie in dieser Übersicht zusammen behandelt werden können.

A. Granite.

Unbedingt vorherrschend sind die Amphibolbiotitgranite. Solche finden wir in allen Teilen des Gebiets, äusserlich in verschiedenem Aussehen, bald grobkörnig, bald feinkörnig, bald porphyrartig, in allen Farben, in denen Granite vorkommen, vom hellen Weiss bis fast zum vollständigen Schwarz, rot, grau, grünlich. Unter den Gemengteilen werden alle in diesen Graniten vorkommenden angetroffen: Quarz, Orthoklas, perthitisch durchwachsen und rein, Mikroklin und Plagioklas. Teilweise sind die Granite reich an Titanit, teilweise sehr arm, kurz gesagt, die unter der Allgemeinzusammensetzung Amphibolbiotitgranit denkbaren Abänderungen sind vertreten. Ein Gebundensein gewisser Varietäten an bestimmte Orte ist nicht erkennbar. Druckerscheinungen finden sich fast allerorts, bald schwächer, bald stärker ausgeprägt. Man kann an den vorliegenden Proben nicht erkennen, dass in bestimmten Gegenden etwa Granite mit kataklastischen Erscheinungen ganz fehlen und in anderen allein vorkämen. Es scheint allerdings, dass sich mit grösserer Annäherung an das Massiv des Khan-Tengri die durch Druck beeinflussten Granite häufiger finden, auch die Zerquetschung intensiver auftritt. Es würde diese Erscheinung ja auch damit stimmen, dass in diesem Gebiet höchster Auftürmung des Gebirges die gebirgsbildenden Kräfte das dislozierte Gestein am stärksten beeinflusst haben; aber um mit Sicherheit einen inneren Zusammhang zwischen dem Grade der Dislokation und der Kataklase zu behaupten, sind die vorliegenden Proben nicht zahlreich genug.

Nächst den Amphibolbiotitgraniten herrschen die Biotitgranite am stärksten. Auch diese sind regellos über das ganze Gebiet verteilt, zweifellos nicht generisch von den ersteren verschieden, sondern durch Übergangsformen mit ihnen verbunden; in buntem Wechsel lösen sich beide Ausbildungsformen des Granitmagma an einer und derselben Lokalität ab.

Augitführende Granite spielen nur eine untergeordnete Rolle.

Auch die muskovitführenden Granite sind nirgends herrschend; die vorliegenden Stücke sprechen dafür, dass es sich nicht um besondere Gesteinstypen, sondern Abänderungen des im Gebiet herrschenden Amphibolbiotitgranits handelt.

Der Titanitgranit des Ala-aigir (vom Khan-Tengri-Massiv stammend) ist als neuer Typus des Granits hervorzuheben.

Dass die Granite von Ganggesteinen begleitet sind, beweisen die Vorkommnisse von Minette, Vogesit und Aplit, über welche berichtet wurde.

B. Granitporphyr.

Das Gestein kommt anscheinend nicht in weiterer Verbreitung vor, nur an drei Fundorten hat *Friederichsen* es angetroffen.

Besonders ausgedehnt ist das Vorkommen vom Pass Alabásch, welches auffallend an die Granitporphyre des baltischen Rapakiwigebiets erinnert.

Den småländischen Granitporphyren nähert sich das Gestein vom Pass Mundschilký.

C. Quarzporphyr.

Quarzporphyr ist ziemlich verbreitet, namentlich im Dsungarischen Ala-tau, dann aber auch im Westen des durchforschten Gebiets, in der Umgebung des Issyk-kul. Die vorliegenden Proben schliessen sich in der Mehrzahl den typischen Felsitporphyren mit und ohne Fluidalstruktur an.

Im Dsungarischen Ala-tau finden sich Formen, die den Hälleflinten Skandinaviens ähnlich sehen.

D. Augitsyenit.

Dies Gestein ist nur in der westlichen Umgebung des Issyk-kul angetroffen. Die Zusammensetzung ist die gewöhnliche. Am Pass Alabásch erschienen fast ausschliesslich Augit und Orthoklas als Gemengteile, daneben vielleicht Nephelin; in der Mainák-Kette ist die Zusammensetzung etwas reicher; es treten Hornblende und Biotit in nennenswerten Mengen hinzu.

E. Diabas und Diabasporphyrit.

Im ganzen Gebiet scheinen Diabase, überall aber nur als wenig ausgedehnte Einlagerungen und Gänge, vorzukommen.

Im Gegensatz zu dem Reichtum an Varietäten, welche europäische Diabasgebiete, z. B. Harz, Nassau, Skandinavien aufweisen, sind die Diabase unseres Gebiets sehr einförmig; die grosse Mehrzahl fällt in ihrer Struktur und Zusammensetzung nicht aus dem Rahmen dessen heraus, was *Törnebohm* als Oejetypus bezeichnete, dichte oder feinkörnige, oft porphyrische Aggregate von Plagioklas und Augit. Vereinzelt kam Olivindiabas (Kastek-Tal und Turgén-Aksú) vor, einmal auch ein Glimmerdiabasporphyrit (am Kara-kyr-Fluss).

Augitporphyrit, bezw. dessen Zersetzungsprodukte kamen zweimal vor.

F. Dioritische Gesteine.

Diorite liegen aus der Umgebung des Issyk-kul vor, ein Amphibolglimmerdiorit aus dem Korumdú-Tal, ein Quarzdiorit vom Pass Alabásch.

Im Kokíja-Tal, das zum Flussgebiet des Turgén-Aksú gehört, fand sich ein Dioritporphyrit, ebendaselbst ein Hornblendeporphyrit.

Glimmerdioritporphyrit und Quarzglimmerdioritporphyrit (Venjanporphyrit) sind am Törpú-Pass bezw. im Kara-tau-Gebirge gesammelt.

Der Dsungarische Ala-tau lieferte nur ein Gestein der Dioritfamilie, nämlich den Quarzdioritporphyrit des Kora-Tales.

G. Gneiss, Amphibolit etc.

Echte Gneisse sind aus dem zentralen Tiën-schan nur in wenigen Stücken, aus dem Dsungarischen Ala-tau garnicht mitgebracht worden. Es gilt zweifellos von dem von der Saposchnikow'schen Expedition bereisten Gebiet dasselbe, was *Romanowskij* von dem westlichen Tiën-schan mitteilte, dass nämlich Gneisse relativ selten vorkommen. Auch scheinen sie nirgends in sehr grosser Ausdehnung anzustehen.

Bei mehreren der oben beschriebenen Gesteine musste die Zugehörigkeit zum Gneiss oder zum Granit in Frage gestellt werden.

Die Entscheidung, ob Gneiss, ob Granit vorliegt, ist bekanntlich lediglich nach dem Handstück oft ausserordentlich schwer. Als solche Gesteinsproben, die entschieden zum Gneiss gehören dürften, sind Stücke von der Buamschlucht, vom Külü-Tal, vom Dschity-ogus-Tal und vom Pass Karagaitý zu nennen, ferner dürfte auch der Dioritgneiss des Ala-aigir, der aus dem Khan-Tengri-Massiv entspringt, ziemlich sicher der Gneissformation zuzurechnen sein. — Die verschiedenen Gesteinsproben zeigen recht verschiedenes Aussehen.

Amphibolite von verschiedener Zusammensetzung kommen mehrfach vor, ebenso Strahlsteinschiefer.

Überblicken wir noch einmal die Mitteilungen *Romanowskijs* über den nordwestlichen Tiën-schan zusammen mit den Ergebnissen der vorliegenden Untersuchung, so ergiebt sich als Gesamtresultat, dass, soweit das vorliegende Material erkennen lässt, das ganze grosse Gebiet, petrographisch betrachtet, ausserordentlich einförmig zusammengesetzt ist, so einförmig, wie vergleichsweise kaum ein anderes Gebiet von annähernd ähnlicher Ausdehnung zusammengesetzt sein dürfte.

Detailaufnahmen mögen noch mehrere einzelne Gesteinsarten, die bisher nicht untersucht wurden, zu Tage fördern, schwerlich wird sich viel an dem Gesamtergebnis der bisherigen Forschungen ändern, das sich dahin zusammenfassen lässt, dass der zentrale Tiën-schan und der Dsungarische Ala-tau alte Gebirge sind, deren krystalline Gesteine zum ganz überwiegenden Teil der Granitgruppe angehören, und in dem andere Gesteine nur verhältnissmässig untergeordnet auftreten.

IV. Erläuterungen zu den Tafeln 49—52.

Um die Herstellung der Mikrophotographieen hat sich Herr *R. Volk* in Hamburg freundlichst verdient gemacht. Ich spreche ihm auch hier meinen wärmsten Dank für seine Mühwaltung aus.

Tafel 49, Fig. 1 stellt eine Stelle aus dem Amphibolbiotitgranit von der Kleinen Almatinka (vergl. pag. 244, *Friederichsen* pag. 17) dar. Die linke obere Hälfte des Bildes nehmen Biotit und Erze ein. Rechts oben am Rande Plagioklas; zwischen Plagioklas und Biotit Erze, mit Titanit umrandet. Rechts unten am Rande perthitischer Orthoklas. In der Mitte unten ein annähernd rechtwinklig begrenzter Erzdurchschnitt. Zwischen dem Biotit und dem Erz liegt ein Hornblendezwilling, in welchen das Erz teilweise hineinragt. Dieser Zwilling ist nach dem gewöhnlichen Gesetz, das Orthopinakoid ist Zwillings- und Verwachsungsebene, gebildet. Rechts über dem grösseren (hellen) Individuum dieses Zwillings liegt ein drittes Individuum, das zu dem zweiten (hellen) in Zwillingsstellung steht. Optische Orientierung parallel dem ersten (kleinen) Individuum. Zwillingsebene ist das Orthopinakoid, Verwachsungsebene eine Prismenfläche. Die Spaltrisse der beiden grösseren, nach dem Prisma verwachsenen Individuen gehen in einander über, was auf dem Bilde wenig deutlich hervortritt.

Derartige Zwillingsbildung ist meines Wissens bisher nicht beobachtet.

Vergrösserung 50, Aufnahme mit Zeiss Achromat H, Projektionsokular 4, achromatischer Condensor, gelbgrüne Scheibe. Gekreuzte Nicols.

Tafel 49, Fig. 2 stellt die Grenze der „basischen Ausscheidung" von Hornblendevogesit in den Granit dar. Unten perthitischer Orthoklas, der sich nach oben hin durch das ganze Gesichtsfeld hindurchsetzt, die Albitstreifen deuten die Einheitlichkeit des grossen Feldspatindividuum an. Im linken oberen Teil des Bildes erschienen innerhalb des Feldspat die Hornblenden und Glimmerblätter, sowie die Apatitnadeln des Einschlusses.

Vergrösserung 65, Aufnahme mit Zeiss Achromat C, ohne Okular, achromatischer Condensor, gelbgrüne Scheibe.

Tafel 50, Fig. 1 stellt den Einschluss in dem Granit der Kleinen Almatinka selbst dar (vergl. pag. 245, *Friederichsen* pag. 17). Als dunkle Gemengteile erscheinen Hornblende (heller) und Glimmer (dunkler) in einem hellen Grunde von Orthoklasen, deren gradlinige, zum Teil rechtwinklige Begrenzungen hin und wieder erkennbar sind. Ausserdem treten Apatitnadeln und Erze auf.

Vergrösserung 65, Aufnahme mit Zeiss Achromat C, ohne Okular, achromatischer Condensor, gelbgrüne Scheibe.

Tafel 50, Fig. 2. Amphibolvogesit, Gang aus dem Granit der Kleinen Almatinka (vergl. pag. 245, *Friederichsen* pag. 17). Man sieht das Vorherrschen der Hornblende; Glimmer fehlt. Die zersetzten Augite sind im Bilde nicht deutlich erkennbar. Der Feldspat ist durch Zersetzung getrübt.

Vergrösserung 45, Aufnahme mit Zeiss Achromat DD, ohne Okular, achromatischer Condensor, gelbgrüne Scheibe.

Tafel 51, Fig. 1 zeigt die Minette der Buam-Schlucht (vergl. pag. 248, *Friederichsen* pag. 33), die wohlbegrenzten Glimmerkrystalle und Magnetite, die durch Zersetzung getrübten Feldspate.

Das Bild gleicht völlig den bekannten Minetten aus den Vogesen u. s. w.

Auf diese Minette gründet *Friederichsen* seine Altersbestimmung des in der Buam-Schlucht anstehenden Schichtkomplexes.

Vergrösserung 55, Aufnahme mit Zeiss Achromat C, ohne Okular, achromatischer Condensor, gelbgrüne Scheibe.

Tafel 51, Fig. 2 bringt den Granit vom Kleinen Aksú (vergl. pag. 257, *Friederichsen* pag. 65) zur Darstellung. Links oben Biotit, rechts unten Erze. Der Grund wird von Quarz mit zahlreichen Flüssigkeitseinschlüssen, die oben den Quarz förmlich wolkig trüben, gebildet. Mehrere der rhombischen Durchschnitte enthalten, namentlich in den stumpfen Winkeln erkennbar, Titanit, ausserdem die im Bilde ganz schwarzen, im Schliff dunkelhonigbraun durchscheinenden Kryställchen von Anatas (?).

Vergrösserung 65, Aufnahme mit Zeiss Achromat C, ohne Okular, achromatischer Condensor, gelbgrüne Scheibe.

Auf Tafel 51, Fig. 1 ist der Titanitgranit aus dem Ala-aigir abgebildet. (Vergl. pag. 275, *Friederichsen* pag. 142). Rechts mehrere Biotite, zum Teil gestaucht, nebst zersetztem Feldspat, links Quarz mit zahlreichen Einlagerungen von Titanit. Ähnlicher Reichtum an Titanit zeigt sich an allen Stellen des Schliffs, wo die dunklen Gemengteile angehäuft sind.

Vergrösserung 27, Aufnahme mit Zeiss Achromat H, ohne Okular, achromatischer Condensor, gelbgrüne Scheibe.

Tafel 52, Fig. 2 zeigt den Aplit vom Ui-tas. (Vergl. pag. 280, *Friederichsen* pag. 177). In der oberen Hälfte eine Kugel von granophyrisch verwachsenem Quarz und Feldspat, umschlossen von einem dunklen Ring von Quarz und Feldspat — die vorhandenen Erze verschwinden — unten fast ausschliesslich Feldspate, an denen sich vielfach die rhombischen Umgrenzungen erkennen lassen.

Vergrösserung 50, Aufnahme mit Zeiss Achromat H, achromatischer Condensor, Projektions-Okular 4, gelbgrüne Scheibe. Gekreuzte Nicols.

Fig. 1. Granit. — Kleine Almatinka.

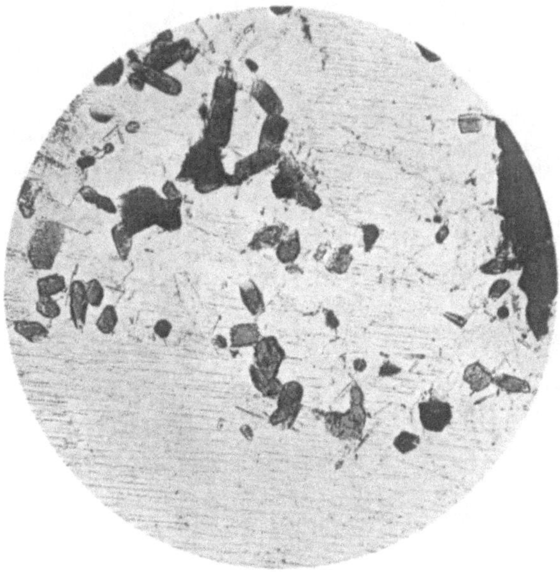

Fig. 2. Granit. — Kleine Almatinka.

Volk phot.

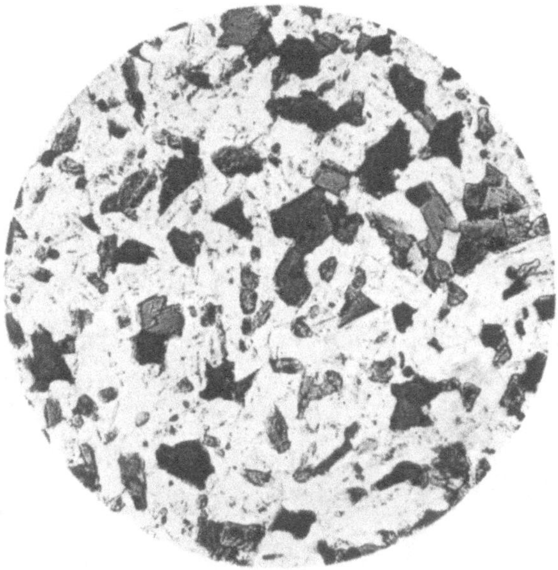

Fig. 1. Granit. Kleine Almatinka (Basische Ausscheidung).

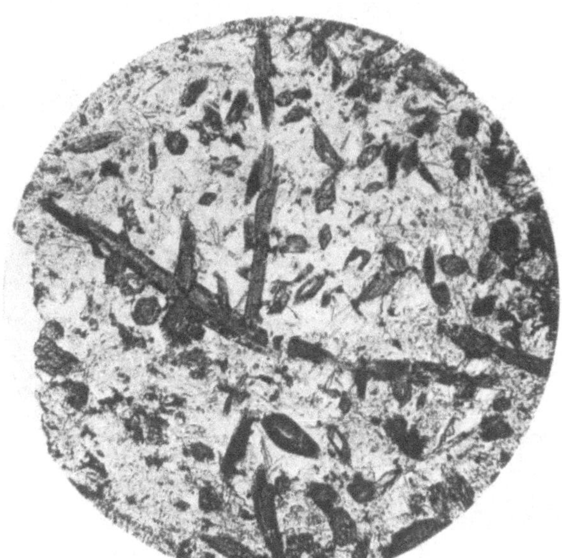

Fig. 2. Vogesit. Kleine Almatinka.

Volk phot.

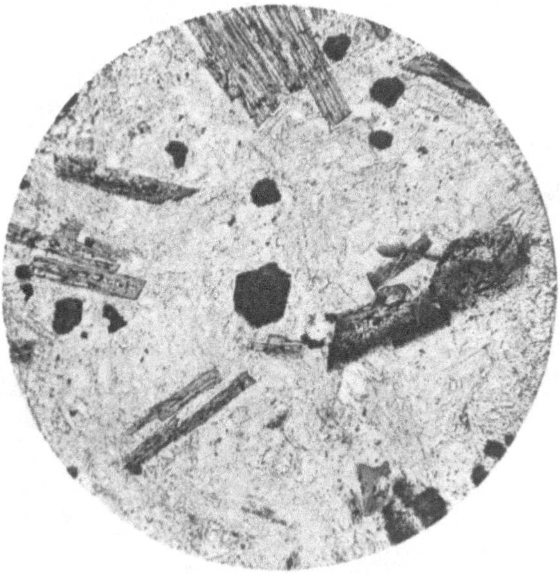

Fig. 1. Minette. — Buam-Schlucht.

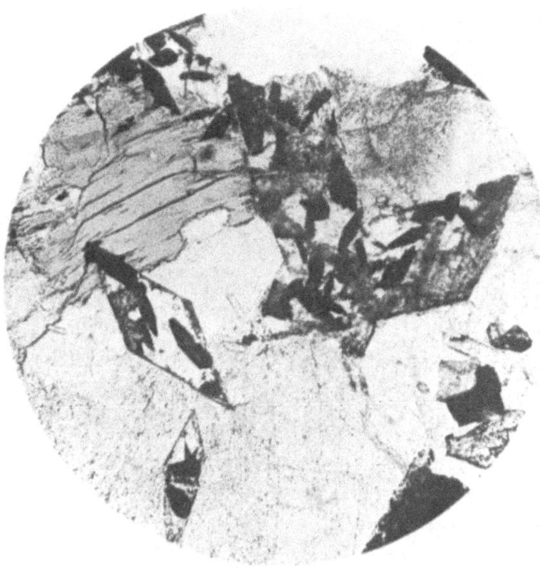

Fig. 2. Granit. — Kleiner Aksú

Volk phot

Fig. 1. Titanitgranit. Ala-aigir (Vergr. 27).

Fig. 2. Aplit. — Pass Ui-tas (Vergr. 50).

R Volk phot

FSC
www.fsc.org
MIX
Papier | Fördert gute Waldnutzung
FSC® C083411

Zeitfracht Medien GmbH
Ferdinand-Jühlke-Straße 7
99095 Erfurt, Deutschland
produktsicherheit@kolibri360.de